中德校企融合育人系列丛书

丛书主编：朱劲松 姚丽霞 叶绪娟

机械加工综合实训教程

技能训练模块化工作手册

姚丽霞 万 杨 主编

苏州大学出版社
Soochow University Press

图书在版编目（CIP）数据

机械加工综合实训教程：技能训练模块化工作手册／姚丽霞，万杨主编. —苏州：苏州大学出版社，2022. 7
（中德校企融合育人系列丛书／朱劲松，姚丽霞，叶绪娟主编）
ISBN 978-7-5672-4012-4

Ⅰ. ①机… Ⅱ. ①姚… ②万… Ⅲ. ①机械加工 — 工艺学 Ⅳ. ①TG506

中国版本图书馆 CIP 数据核字（2022）第 131311 号

Jixie Jiagong Zonghe Shixun Jiaocheng：
Jineng Xunlian Mokuaihua Gongzuo Shouce

书　　名：机械加工综合实训教程：技能训练模块化工作手册

主　　编：姚丽霞　万　杨
策划编辑：刘　海
责任编辑：刘　海
装帧设计：吴　钰

出版发行：苏州大学出版社（Soochow University Press）
出 版 人：盛惠良
社　　址：苏州市十梓街 1 号　**邮编：**215006
印　　刷：苏州工业园区美柯乐制版印务有限责任公司
E-mail：liuwang@suda.edu.cn　　QQ：64826224
邮购热线：0512-67480030
销售热线：0512-67481020

开　　本：787 mm×1 092 mm　1/16　**印张：**15.25　**字数：**362 千
版　　次：2022 年 7 月第 1 版
印　　次：2022 年 7 月第 1 次印刷
书　　号：ISBN 978-7-5672-4012-4
定　　价：49.00 元

若发现印装错误，请与本社联系调换。服务热线：0512-67481020

编
委
会

编写说明

本书以江苏省第四批产教融合型试点企业张家港广大特材股份有限公司工业典型案例为载体，分解成机械加工操作中的钳工、车工、铣工、数控加工等工作任务，融入机械加工知识，强调知识体系的系统性、完整性和连贯性，目的是帮助学生理解和掌握机械制图、机械基础、机械加工、机械设计等相关专业知识，培养学生自我学习的能力，激发学生自主学习、自主评价，实现高效课堂。

本书以任务驱动方式组织工作内容。每个项目包含若干个工作任务，以工作内容为中心，从课前准备、计划分工、操作要点到操作实施、检查分享等环节展开，充分体现高职实训课程的特色。本书作者团队与企业合作开发课程内容，实践案例大多源于企业真实产品，工作任务贴近生产实际，具有可操作性和实用性。

本书从实际应用出发，以常用机械加工操作和机械加工理论基础知识为实训内容，全书共有 3 个模块，分为 6 个项目。模块一“基础夯实篇”中的项目一为“职业安全与素养教育”；项目二为“安全保护锤的加工”，其中钳工操作占 20%，车工操作占 80%。模块二“能力提高篇”中的项目一为“平口钳的加工”，其中钳工操作占 20%，铣工操作占 80%；项目二为“英式加农炮的加工”，其中车工操作占 80%，钳工操作占 20%。模块三“技术飞跃篇”中的项目一为“棘轮扳手的加工”，其中车工操作占 80% ，铣工操作占 20%；项目二为“飞轮发动机的加工”。书中附有工艺卡片、评价表等教学资源，方便教学和反馈。

前言

本书以教育部关于高职高专教育的定位和人才培养目标为依据，对机械加工实际操作的相关内容作了详细说明，有利于高职高专学生综合素质和职业技能的培养与提高。本书按照新的人才培养方案和新的专业教学标准，优化整合课程内容，以江苏省第四批产教融合型试点企业张家港广大特材股份有限公司工业典型案例产品为项目，突出职业教育特色，具有较强的理论性和实践性。本书结合国家《职业技能鉴定指南》编写，课程采用项目教学法，每个课题采用五步教学法，所涉及的机械加工实训内容包括钳工、车削、铣削和数控加工 4 个方面，下设若干实训项目。本书内容层次合理，技能训练由浅入深，并在拓展操作中引入工业产品实例，注重实用性，有利于提高学生的综合技能水平和分析处理实际问题的能力。

本书的实训课题时间安排以周（32 小时）为单位，对专业课程进行大量的实训操作，旨在使学员快速、深刻地掌握相关知识和技能。

本书围绕初级、中级、高级机械制造工（含车、铣、钳等工种）的职业实操岗位要求，从培养机械加工、模具制造技能专业人才的角度出发，坚持以就业为导向、以职业能力的培养为核心的原则，配合金工实习教学要求，按照由易到难、由简单到复杂的顺序编写。全书共有 3 个模块，分为 6 个项目：模块一“基础夯实篇”中的项目一是“职业安全与素养教育”，主要介绍了安全操作规程及要求；模块一中的项目二和模块二“能力提高篇”中的项目一、项目二分别以钳工、车工、铣工项目实训为主；模块三“技术飞跃篇”中的项目一、项目二分别以车工、数控实训为主。从模块一中的项目二起，每个任务的组织内容包括课前准备、计划分工、操作注意事项、操作实施、检查分享。每个项目后附有实习作品评分标准、项目拓展提高等资料，以供参考。本书精心绘制了大量的工艺卡片，图文并茂，内容全面，结构严谨，资料翔实，可作为高职高专机械类专业的实践教学用书，也可供在职人员学习参考。全书内容通俗易懂，实用性、可操作性强，适合中等或高等职业院校机械、数控类专业学生的机械加工实训。

本书作者均来自江苏联合职业技术学院张家港分院，参加本书编写工作的有邵明双（模块一中的项目一、项目二），钱燕（模块二中的项目一），丁胜东（模块二中的项目二），吕敏（模块三中的项目一），万杨（模块三中的项目二）。本书由姚丽霞、万杨主编，朱劲松主审。

苏州迈创信息技术有限公司张宏杰、苏州市启航名师工作室全体成员对本书的编写给予了极大的支持，在此表示衷心的感谢。

由于编者水平有限，书中难免存在缺点和错误，恳请广大读者批评指正。

编　者

2022 年 4 月 10 日

目录

模块一　基础夯实篇

项目一　职业安全与素养教育 …… 3

任务一　实训生产环境设置 …… 3

任务二　职业安全操作规程 …… 5

任务三　职业安全素养教育 …… 6

项目二　安全保护锤的加工 …… 8

任务一　后盖板的加工 …… 10

任务二　锤身的加工 …… 15

任务三　锤柄套的加工 …… 20

任务四　锤头架的加工 …… 25

任务五　橡胶锤头的加工 …… 30

任务六　前盖板的加工 …… 35

任务七　安全保护锤的装配 …… 40

任务八　项目评价与拓展 …… 44

模块二　能力提高篇

项目一　平口钳的加工 …… 51

任务一　四角扳手套筒的加工 …… 53

任务二　四角扳手杆的加工 …… 58

任务三　手柄的加工 …… 63

任务四　衔铁块的加工 …… 68

任务五　连接板的加工 …… 73

任务六　盖板的加工 …… 78

任务七　螺杆的加工 …… 83

任务八　活动螺母的加工 …… 88

任务九　活动钳口的加工 …… 93

任务十　固定钳口的加工 …… 98

任务十一　机用平口钳的装配 …… 103

任务十二　项目评价与拓展 …… 107

项目二　英式加农炮的加工 ………………………………………… 111
任务一　炮台槽的加工 ………………………………………… 113
任务二　炮筒的加工 ………………………………………… 118
任务三　炮杆及轮轴的加工 ………………………………………… 123
任务四　炮弹及炮钮的加工 ………………………………………… 130
任务五　炮轮的加工 ………………………………………… 137
任务六　英式加农炮的装配 ………………………………………… 142
任务七　项目评价与拓展 ………………………………………… 146

模块三　技术飞跃篇

项目一　棘轮扳手的加工 ………………………………………… 153
任务一　手柄的加工 ………………………………………… 155
任务二　扳身的加工 ………………………………………… 160
任务三　棘轮齿的加工 ………………………………………… 165
任务四　棘爪的加工 ………………………………………… 170
任务五　销轴、顶针的加工 ………………………………………… 175
任务六　棘轮扳手的装配 ………………………………………… 182
任务七　项目评价与拓展 ………………………………………… 186
项目二　飞轮发动机的加工 ………………………………………… 189
任务一　座架的加工 ………………………………………… 191
任务二　底板的加工 ………………………………………… 196
任务三　活塞帽与飞轮轴的加工 ………………………………………… 201
任务四　盖板与连杆的加工 ………………………………………… 208
任务五　飞轮与凸轮的加工 ………………………………………… 215
任务六　机身的加工 ………………………………………… 222
任务七　飞轮发动机的装配与调试 ………………………………………… 227
任务八　项目评价与拓展 ………………………………………… 233

模块一

基础夯实篇

每一个人要有做一代豪杰的雄心斗志！应当做个开创一代的人。

——周恩来

凡在小事上对真理持轻率态度的人，在大事上也是不足信的。

——爱因斯坦

夫学须志也，才须学也，非学无以广才，非志无以成学。

——诸葛亮

青少年是一个美好而又是一去不可再得的时期，是将来一切光明和幸福的开端。

——加里宁

项目一 职业安全与素养教育

任务一 实训生产环境设置

（一）理论研讨教室设备

理论研讨教室设备见表 1-1-1。

表 1-1-1 理论研讨教室设备表

设备	工作桌	椅子	白板	工作台	测量工具
数量	11 张	40 把	11 个	11 台	若干

（二）实训车间基本设备

1. 机床。

机床设备见表 1-1-2。

表 1-1-2 机床设备表

序号	数量/台	机床型号	说明	配件	备注
1	6	万能铣床	无级变速至 4 000 r/min 自动进给	机用虎钳、铣床主轴、弹簧夹头、工件夹具	
2	6	车床	转速至 3 000 r/min 自动进给	三爪卡盘、四爪卡盘、弹簧夹头、带扳手的钻夹头、回转顶尖、刀架、锁紧扳手	
3	1	锯床		切割金属及轻质铝型材锯条	
4	2	台式钻床	转速范围 100~4 000 r/min，钻孔直径 1~30 mm	钻夹头、锥套	
5	2	立式钻床	转速范围 100~4 000 r/min，钻孔直径 2~30 mm	钻夹头、锥套	
6	1	砂轮机		用于磨锐高速钢钻头与硬质合金车刀刀具的砂轮	
7	1	数控铣床			

2. 实训车间基本设备。

实训车间基本设备见表 1-1-3。

表 1-1-3　实训车间基本设备表

序号	数量	名称	备注
1	12~14 台	带工具箱、工具架的工作台	
2	12~14 把	用于工作台的平口虎钳（可调节高度）	
3	1~2 台	带划线平台的划线工作台	
4	1 台/个	矫正台或者工位（打样冲、凿等）	
5	12~14 只	可调节高度的工作凳子	
6	2 台	用于装配工作的钳工台	
7	12 只	用于车床或者铣床的工具箱	
8	2 只	隔层柜	
9	2 只	储物柜	
10	1 台	带座位、计算机的教师工作台	
11	1 块	黑板或白板	
12	1 只	投影仪	
13	4~5 只	不同尺寸的分类箱	

3. 实训车间工具及其应用。

实训车间工具及其应用见表 1-1-4。

表 1-1-4　实训车间工具及配件表

<table>
<tr><th>序号</th><th>数量</th><th>刀具</th><th>尺寸</th><th>应用</th></tr>
<tr><td>1</td><td>6 把/种</td><td>立铣刀</td><td>ϕ3 mm,ϕ4 mm,ϕ5 mm,ϕ6 mm,ϕ8 mm,ϕ10 mm,ϕ12 mm,ϕ14 mm,ϕ16 mm,ϕ20 mm</td><td>用于万能铣床的高速钢或硬质合金刀</td></tr>
<tr><td>2</td><td>6 把/种</td><td>平面铣刀</td><td>ϕ30 mm,ϕ40 mm,ϕ50 mm,ϕ63 mm,ϕ80 mm</td><td>用于万能铣床的高速钢刀</td></tr>
<tr><td>3</td><td>3 把/种</td><td>角铣刀 45°</td><td>ϕ4 mm~ϕ8 mm</td><td>用于万能铣床的高速钢刀</td></tr>
<tr><td>4</td><td>6 把</td><td>直头车刀</td><td rowspan="6">与现有丝杠车床及光杠车床配套</td><td rowspan="6">焊接的硬质合金刀或带转位式刀片的车刀，或者选择用于丝杠车床与光杠车床的高速钢刀</td></tr>
<tr><td>5</td><td>6 把</td><td>90°外圆车刀</td></tr>
<tr><td>6</td><td>6 把</td><td>45°外圆车刀</td></tr>
<tr><td>7</td><td>6 把</td><td>切断刀</td></tr>
<tr><td>8</td><td>3 把</td><td>镗刀</td></tr>
<tr><td>9</td><td>3 把</td><td>镗刀杆</td></tr>
<tr><td>10</td><td>10 个/种</td><td>中心钻</td><td>ϕ2.5 mm,ϕ3 mm,ϕ15 mm,4A 型</td><td>用于丝杠车床、光杠车床、钻床的高速钢钻头</td></tr>
</table>

续表

序号	数量	刀具	尺寸	应用
11	2 根	锯条	取决于锯床型号	每英寸（1 英寸 = 2.54 厘米）齿数 14~16 齿，用于锯开非铁金属、塑料、轻质铝型材
12	3 个/种	麻花钻套装	ϕ2 mm~ϕ10 mm	用于丝杠车床与光杠车床、铣床、钻床的高速钢钻头
13	2 个/种	麻花钻	ϕ10.5 mm, ϕ11 mm, ϕ11.5 mm, ϕ12 mm, ϕ12.5 mm, ϕ13 mm, ϕ14 mm, ϕ15 mm, ϕ16 mm, ϕ17 mm, ϕ18 mm, ϕ20 mm, ϕ22.5 mm, ϕ25 mm, ϕ30 mm	用于丝杠车床与光杠车床、铣床、钻床的高速钢钻头
14	15 个	钻夹头		用于丝杠车床与光杠车床、铣床、钻床
15	6 个/种	锥套	莫氏锥套 1~4	用于丝杠车床与光杠车床、铣床、钻床的高速钢锥套
16	9 台	机用虎钳	不同夹紧尺寸	用于铣床、钻床等的装夹操作
17	2 台	角度可调整机用虎钳	不同夹紧尺寸	用于铣床、钻床等的装夹操作
18	6 套	夹具		夹钳：夹紧阶式支座，夹紧螺钉与配件。用于铣床、钻床等的装夹操作
19	1 个	带三爪卡盘的分度头	夹紧直径至 50 mm	用于铣床、钻床等的装夹操作
20	1 个	数控铣床的成套配件	根据所选数控铣床选择配件，应由指导教师现场完成选择	
21	6 个	回转顶尖	与车床配套	用于丝杠车床与光杠车床的装夹操作
22	8 个	平行垫圈套装	不同宽度/厚度	用于铣床、钻床等的装夹操作
23	8 个	保护锤		用于铣床、钻床等的装拆操作

任务二 职业安全操作规程

1. 进入实训场地必须穿好工作服、劳保鞋，戴好工作帽、防护镜。机加工操作禁止戴手套。

2. 禁止移动或损坏安装在机床上的警告标牌。

3. 禁止在机床周围放置障碍物，工作空间应足够大。

4. 实训任务如需要两人或多人共同完成时，应注意相互间的协调，避免发生意外。

5. 机械设备使用前应检查各个部件是否完好，防护装置是否有效，接地线等必须安全可靠。

6. 操作前，检查机床各操作手柄是否在空挡位置。然后空车试运转，确认正常后方可正式运行。

7. 打磨使用的锉刀应装有木柄，扳手板扣必须与螺帽尺寸吻合，不得在扳手口上加衬垫物，或在手柄上套管子，以防滑落撞击导致伤害。

8. 机床运转时不得进行检查和修理，不得测量工件尺寸或检查其表面粗糙度。

9. 禁止用手或口吹除铁屑，必须使用钩子或刷子清除。使用的工量具和零件不得堆放在机床工作面上。

10. 如需配换齿轮，调整转速，必须停车关闭电源后才能进行。各种机床不得超负荷运行。操作者每天每班按规定润滑、清扫机床，保持机床整洁。

11. 离开实训场地时，机床必须停车。工作结束后，应关闭电源，将各部位手柄放在安全位置。

12. 爱护设备及工具、刃具，工作场地要保持整洁。每班结束后请整理好工具，放入工具箱，不得带出实训场地，同时要把实训场地打扫干净。

13. 检查润滑油、冷却液的状态，及时添加或更换。

14. 机床等设备发生损坏时，应由专职人员进行维修，其他人员不得擅自拆动。

任务三　职业安全素养教育

（一）学生实训规定

1. 实训时要认真听讲，细心操作，严格遵守安全操作规程、各项规章制度和劳动纪律，不准看与实训无关的书籍和杂志。

2. 实训期间不迟到、不早退。有特殊情况要事先请假，并经有关实训指导老师批准后方能生效。无故不参加实训者作旷课处理，超过 3 次将取消其实训资格。

3. 进入实训场地，必须穿好工作服、劳保鞋，戴好防护镜、工作帽。如发现穿裙子、短裤、汗背心、拖鞋、凉鞋、高跟鞋（包括留长发）等进入实训场地，一律禁止参加实训。

4. 在操作机器时必须穿戴好防护用品（如防护镜等），不得以任何理由拒绝穿戴，不穿戴超过 2 次者将取消其实训资格。

5. 实训人员要爱护公共设施设备，保管好实训工具，维护好实训机台，丢失工具要酌情赔偿。

6. 实训人员必须在指定的机器设备上进行训练，未经许可不得动用他人设备与工具。不得任意开动车间电门，否则后果自负。一旦发生事故，必须保持现场，及时报告有关人员。

7. 在实训过程中，要听从指导、虚心请教、热情而有礼貌。

8. 实训期间不得在实训场地内喧哗、打闹、吃东西，一经发现，指导教师有权根据情况酌情作出处理，严重者取消其实训资格。

9. 坚持文明实训，每天实训结束，要按“7S”（整理、整顿、清扫、清洁、素养、安全、节约）和“TPM”（以提高设备综合效率为目标，以全系统的预防维护为过程，以全体人员参与为基础的设备保养和维护管理体系）管理或整理好实训机台、量具和周围环境。

10. 实训人员要通过实训学习生产实践经验，增强动手能力，培养严谨踏实的工作作风和良好的思想素质。

（二）考勤和劳动纪律

1. 实训期间，由指导老师对实训人员进行考勤，并如实填写在实训日志上。无故不参加实训的人员一律作旷课处理。每周实训负责人将一周考勤情况上报。

2. 实训人员若申请病假，必须以校医务室及以上医疗机构病假证明为准。在实训过程中，若突发疾病或患病不适合参加某工种实训，经实训负责人认定也可以作病假处理。

3. 严格控制事假。如遇急事需要请事假，必须提前按学校规定办理请假手续，并向指导教师请假。

4. 实训人员因公请假的，必须出具有关部门提供的证明材料。

5. 实训人员在实训期间除了上述病假、事假、公假之外，其他缺勤情况一律作旷课处理。

（三）记分和评分规则

1. 实训成绩由 5 个部分组成。出勤情况（15%）、实训态度（15%）、劳动态度（15%）、操作成绩（50%）、实训小结（5%）。

2. 实训指导教师必须根据学生平时的情况做好详细记录，在实训结束时认真、负责、客观、公正地进行评分。

（四）相关理论知识

相关理论知识参见《职业道德与职业素养》《冶金、机械行业安全生产监督管理工作指南》等。

项目二 安全保护锤的加工

一、项目描述

某公司要生产一批安全保护锤（图 1-2-1）。安全保护锤由后盖板、锤身、锤柄套、锤头架、橡胶锤头、前盖板等 6 个部分组成。本次项目任务是根据安全保护锤的装配图和零件图要求，经过图样分析、工艺规程编制、零件加工、质量检测、评价总结等环节，最后完成安全保护锤的装配。在此过程中，进行下料、锉、锯、钻、铰、车、铣、检测等技能的训练。

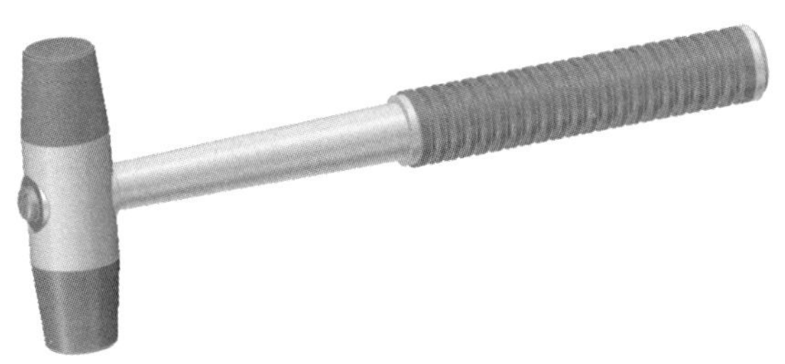

图 1-2-1　安全保护锤

本次工作任务属于恢复性训练，目的是将以往所学知识综合运用到生产加工中。本项目要求学生：熟练使用 G4028 锯床将原材料锯割成要求规格尺寸的毛坯件；能够根据零件类型正确选择刀具安装车刀，并合理安排切削用量；了解并掌握小孔钻削及锪钻锪孔、深孔钻削、车削锥度、手动攻丝、手动套螺纹的方法及注意事项；熟练掌握车床攻丝的步骤；学会根据外螺纹螺距计算螺纹大径尺寸，学会根据内螺纹螺距计算底孔尺寸的方法，完成零件的最后加工；学会刃磨及使用球头刀具；能够根据图纸自主进行图样分析、查阅机械手册、拟定工艺路线，加工零件，完成零件质量检测和装配，进行自我评价和总结。

二、项目提示

（一）工作方法

1. 根据任务描述，通过线上学习与讨论进行相关零件的工艺分析，通过查询互联网、查阅图书馆资料等途径收集、分析有关信息。

2. 以小组讨论的形式完成工作计划。

3. 按照工作计划，完成小组成员分工。

4. 对于出现的问题，请先自行解决。如确实无法解决，再寻求帮助。

5. 与指导教师讨论，进行学习总结。

（二）工作内容

1. 工作过程按照“五步法”实施。

2. 认真回答引导问题，仔细填写相关表格。

3. 小组合作完成任务，对任务完成情况的评价应客观、全面。

4. 进行现场“7S”和“TPM”管理，并按照岗位安全操作规程进行操作。

（三）相关理论知识

1. 零件图、装配图的识读。

2. 工艺规程的制订。

3. 孔加工、螺纹加工、锥度加工、细长轴加工、测量技术。

4. 外圆、端面、内孔、螺纹等车工实训操作要点。

5. CA6140 车床的正确使用。

6. CA6140 车床的维护和保养。

（四）注意事项与安全环保知识

1. 熟悉实训设备的正确使用方法。

2. 完成实训并经教师检查评估后，关闭电源，清扫工作台，将工具归位。

3. 请勿在没有确认装夹好工件之前启动电动实训设备。

4. 实训结束后，将工具及刀具放回原来位置，做好车间“7S”管理，做好垃圾分类。

三、项目实施过程

整个项目的实施过程可分为以下 8 个任务环节。

任务一　后盖板的加工

（一）课前准备

1. 按照工作计划完成线上学习任务。

（1）通过网络平台发布后盖板零件图（图 1-2-2）和安全保护锤装配图（图 1-2-8），布置工作任务。通过查询互联网、查阅图书馆资料等途径收集、分析有关信息，然后分组进行后盖板的工艺分析。

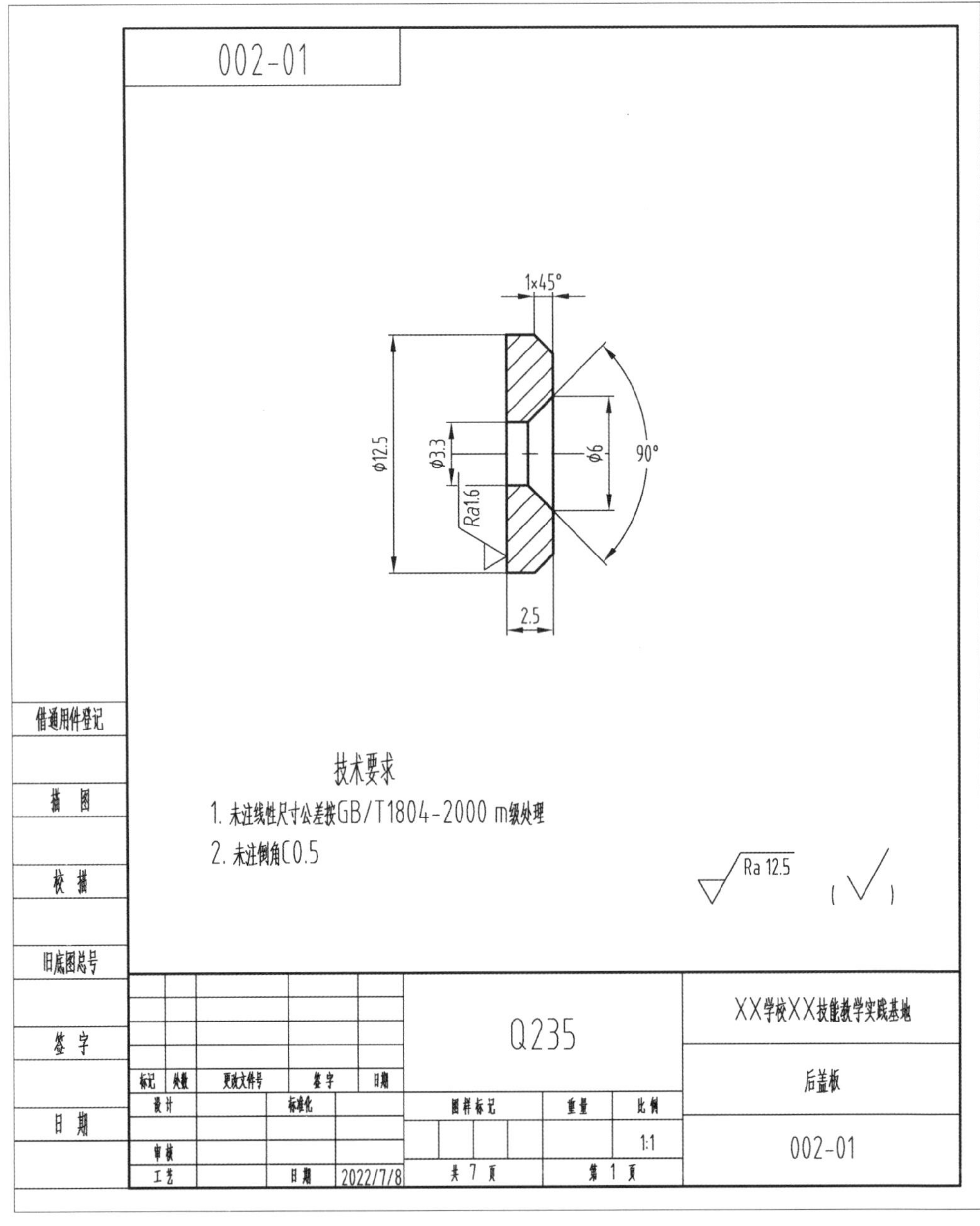

图 1-2-2　后盖板零件图

（2）在网络平台讨论组内进行成果分享、交流与讨论。

2. 做好工作准备。

（1）量具：外径千分尺、游标卡尺、钢直尺各 1 把。

（2）材料：Q235 若干段（依据实训小组数确定材料数量），尺寸为 ϕ15 mm×20 mm。

（3）工具：45°端面车刀、90°外圆刀、切槽刀、中心钻、ϕ3. 3 mm 麻花钻、45° ϕ6 mm锪钻、锉刀。

3. 任务引导。

安全保护锤的后盖板主要通过 M3 螺钉与锤身连接将橡胶套筒固定在锤身上，板厚为 2. 5 mm，直径为 ϕ12. 5 mm，需钻 ϕ3. 3 mm 的通孔、ϕ6 mm 的埋头孔。

（1）该零件的毛坯应该选择什么类型的？具体毛坯尺寸为多少？

（2）制订后盖板钻孔步骤，明确正确使用锪钻进行锪孔的注意点。

（二）计划分工

1. 小组分工。

每 4~5 人为一小组，按角色分工配合完成任务。具体分工见表 1-2-1。

表 1-2-1 小组分工

小组信息	班级名称			日期	
	小组名称			组长姓名	
	岗位分工	汇报员	记录员	技术员	质检员
	成员姓名				

说明：组长负责组织协调工作，汇报员负责分享信息并进行项目讲解，质检员负责计时和录像，记录员负责记录工作过程和填写表格，技术员负责项目的操作实施。

2. 制订工作计划。

编制工艺过程卡（表 1-2-2）时应查找《机床参数表》《机床使用说明书》《切削用量手册》《刀具手册》《机械加工工艺手册》等工艺文件，制订最优的加工工艺方案。

表 1-2-2　工艺过程卡

××学校××技能教学实践基地	机械加工工艺过程卡片	产品型号	迷你型	零件图号	002-01		
		产品名称	安全保护锤	零件名称	后盖板	共 7 页	第 1 页

材料牌号	Q235	毛坯种类	圆钢	毛坯外形尺寸	ϕ15 mm×20 mm	每毛坯件数	4	每台件数	1	备注	

工序号	工序名称	工序内容	车间	工段	设备	工艺装备	工时	
							准终	单件
0	毛坯	下料 ϕ15 mm×20 mm			G4028	钢直尺		
1	车工	粗车、精车右端面			CA6140	45°端面车刀		
2	车工	粗车、精车 ϕ12.5 mm×15 mm 外圆，倒 1 mm×45°角			CA6140	45°端面车刀、外径千分尺、游标卡尺		
3	钻削	打中心孔，用 ϕ3.3 mm 麻花钻钻通孔，用 45°ϕ6 mm 锪钻锪孔			CA6140	中心钻、ϕ3.3 mm 麻花钻、45°ϕ6 mm 锪钻、游标卡尺		
4	车工	切断，保证总长在 2.5 mm			CA6140	切槽刀、游标卡尺		
5	去毛刺	去除全部毛刺			钳工台	锉刀		
6	检验	按图示要求检查			检验台	外径千分尺、游标卡尺		

										设计（日期）	审核（日期）	标准化（日期）	会签（日期）		
标记	处数	更改文件号	签字	日期	标记	处数	更改文件号	签字	日期						

（三）操作注意事项

1. 戴好防护镜、工作帽，穿好工作服、劳保鞋。

2. 该零件尺寸小，装夹困难，必须轻拧慢放。

3. 切断时要注意，防止已加工工件掉落。

4. 加工完后及时去除毛刺。

（四）操作实施

根据各小组制订的工艺规程进行操作加工。

要求：小组分工明确，全员参与，操作规范、安全。

（五）检查分享

1. 质量检测。

完成零件加工后，对照质量检测表（表 1-2-3）与实操的技术要点，在“学生自测”栏内填写“工件质量”栏中“检测项目”的自测结果，本组质检员进行抽测，其余项目由教师负责检测和评分。

表 1-2-3　后盖板质量检测表

<table>
<tr><th>分类</th><th>序号</th><th>检测项目</th><th>检测内容</th><th>配分</th><th>学生自测</th><th>教师检测</th><th>得分</th></tr>
<tr><td rowspan="8">工件质量</td><td>1</td><td>外圆</td><td>ϕ12. 5 mm</td><td>10</td><td></td><td></td><td></td></tr>
<tr><td>2</td><td>锪孔</td><td>90°ϕ6 mm</td><td>10</td><td></td><td></td><td></td></tr>
<tr><td>3</td><td>倒角</td><td>1 mm×45°</td><td>5</td><td></td><td></td><td></td></tr>
<tr><td>4</td><td>长度</td><td>2. 5 mm</td><td>10</td><td></td><td></td><td></td></tr>
<tr><td>5</td><td>钻孔</td><td>ϕ3. 3 mm</td><td>5</td><td></td><td></td><td></td></tr>
<tr><td>6</td><td rowspan="2">表面粗糙度</td><td>Ra1. 6</td><td>5</td><td></td><td></td><td></td></tr>
<tr><td>7</td><td>Ra12. 5</td><td>5</td><td></td><td></td><td></td></tr>
<tr><td>8</td><td>零件外形</td><td>零件整体外形</td><td>10</td><td></td><td></td><td></td></tr>
<tr><th>分类</th><th>序号</th><th colspan="2">考核内容</th><th>配分</th><th colspan="2">说明</th><th>得分</th></tr>
<tr><td rowspan="2">加工工艺</td><td>1</td><td colspan="2">加工工艺方案的填写</td><td>5</td><td colspan="2">加工工艺是否合理、高效</td><td></td></tr>
<tr><td>2</td><td colspan="2">刀具与切削用量选择合理</td><td>5</td><td colspan="2">刀具与切削用量 1 个不合理处扣 1 分</td><td></td></tr>
<tr><td rowspan="3">现场操作规范</td><td>1</td><td colspan="2">安全操作</td><td>10</td><td colspan="2">违反 1 条操作规程扣 5 分</td><td></td></tr>
<tr><td>2</td><td colspan="2">工量具的正确使用及摆放</td><td>10</td><td colspan="2">工量具使用不规范或错误 1 处扣 2 分</td><td></td></tr>
<tr><td>3</td><td colspan="2">设备的正确操作和维护保养</td><td>10</td><td colspan="2">违反 1 条维护保养规程扣 2 分</td><td></td></tr>
<tr><td colspan="8">评分标准：尺寸和形状、位置精度按照 IT14，精度超差时扣该项目全部分，粗糙度降级，该项目不得分</td></tr>
<tr><td>评分人</td><td colspan="2"></td><td>时间</td><td colspan="2"></td><td>总得分</td><td></td></tr>
</table>

2. 成果分享。

由各小组对其工艺规程、加工零件进行分享及问题解答。针对问题，教师及时进行现场指导与分析。

小组工作：及时记录问题与解决方案，分享新收获，突出要点，以便提升总结能力。

任务二 锤身的加工

（一）课前准备

1. 按照工作计划完成线上学习任务。

（1）通过网络平台发布锤身零件图（图 1-2-3）和安全保护锤装配图（图 1-2-8），布置工作任务。通过查询互联网、查阅图书馆资料等途径收集、分析有关信息，然后分组进行锤身的工艺分析。

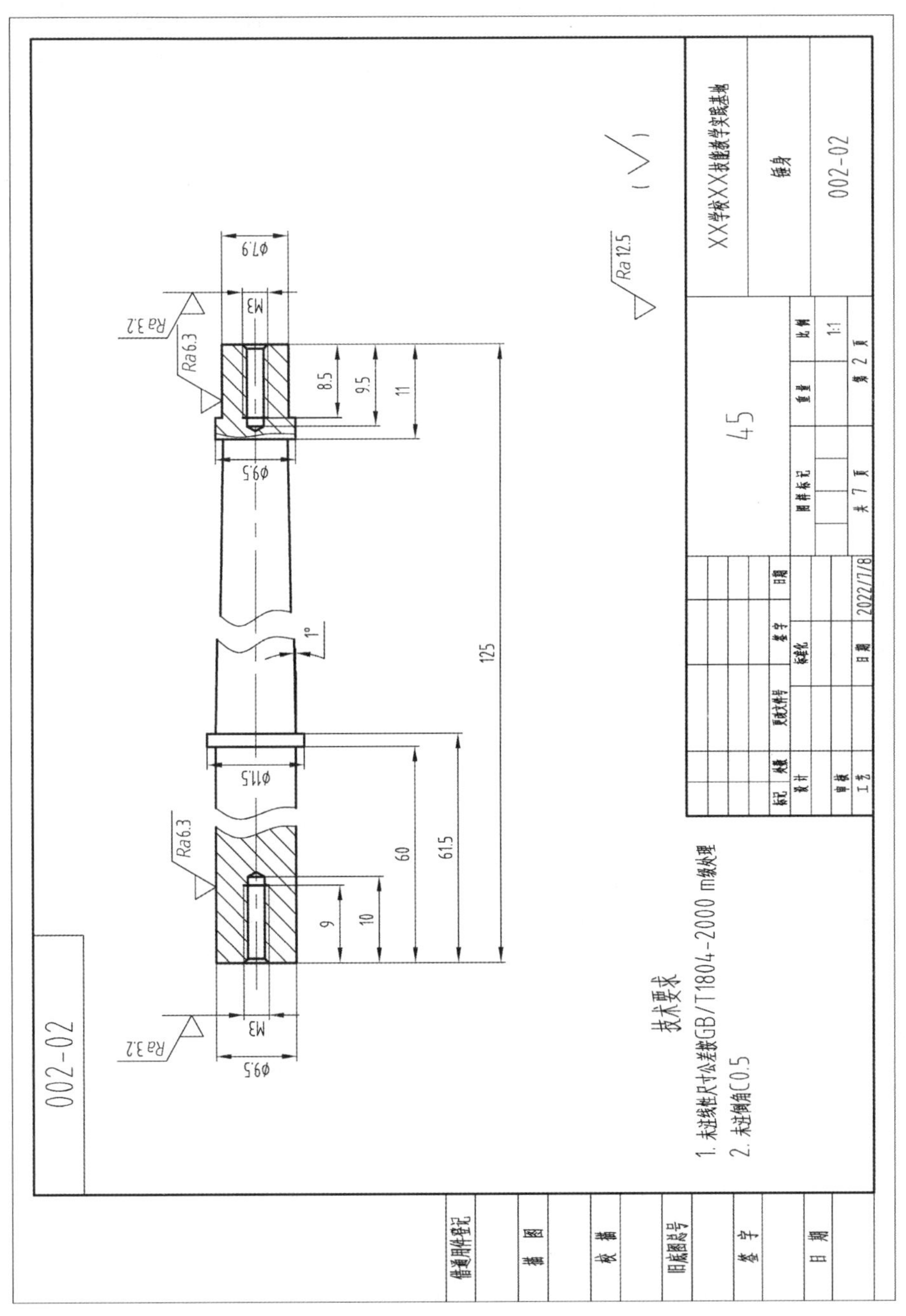

图 1-2-3 锤身零件图

（2）在网络讨论组内进行成果分享、交流与讨论。

2. 做好工作准备。

（1）量具：游标卡尺、钢直尺、万能角度尺、外径千分尺各 1 把。

（2）材料：45 钢若干段（依据实训人数确定材料数量），尺寸为 ϕ12 mm×130 mm。

（3）工具：45°端面车刀、90°外圆刀、中心钻、ϕ2.4 mm 麻花钻、M3 丝锥、锉刀。

3. 任务引导。

安全保护锤的锤身与锤柄套、锤头架配合，尾端通过 M3 螺钉与后端盖连接将锤柄套固定在锤身上，头端通过 M3 螺钉与前端盖连接固定，身长为 125 mm，直径为 ϕ7.9 mm、ϕ9.5 mm、ϕ11.5 mm，头端有锥度为 1°的圆锥面，两端各有 M3 螺纹孔。

（1）了解车床车削锥度的方法及注意事项。

（2）螺纹的加工方法有哪些？

（二）计划分工

1. 小组分工。

每 4~5 人为一小组，按角色分工配合完成任务。具体分工见表 1-2-4。

表 1-2-4　小组分工

小组信息	班级名称			日期	
	小组名称			组长姓名	
	岗位分工	汇报员	记录员	技术员	质检员
	成员姓名				

说明：组长负责组织协调工作，汇报员负责分享信息并进行项目讲解，质检员负责计时和录像，记录员负责记录工作过程和填写表格，技术员负责项目的操作实施。

2. 制订工作计划。

小组成员共同讨论工作计划，制订最优的加工工艺方案，编制工艺过程卡（表 1-2-5）。

表 1-2-5　工艺过程卡

<table>
<tr><td colspan="2" rowspan="2">××学校××技能
教学实践基地</td><td colspan="3" rowspan="2">机械加工工艺过程卡片</td><td>产品型号</td><td>迷你型</td><td>零件图号</td><td>002-02</td><td colspan="2"></td></tr>
<tr><td>产品名称</td><td>安全保护锤</td><td>零件名称</td><td>锤身</td><td>共 7 页</td><td>第 2 页</td></tr>
<tr><td colspan="2">材料牌号</td><td>45</td><td>毛坯种类</td><td>圆钢</td><td>毛坯外形尺寸</td><td>ϕ12 mm×130 mm</td><td>每毛坯件数</td><td>1</td><td>每台件数</td><td>1</td><td>备注</td><td></td></tr>
<tr><td rowspan="2">工序号</td><td rowspan="2">工序名称</td><td rowspan="2">工序内容</td><td rowspan="2">车间</td><td rowspan="2">工段</td><td rowspan="2">设备</td><td rowspan="2">工艺装备</td><td colspan="2">工时</td></tr>
<tr><td>准终</td><td>单件</td></tr>
<tr><td>0</td><td>毛坯</td><td>下料 ϕ12 mm×130 mm</td><td></td><td></td><td>G4028</td><td>钢直尺</td><td></td><td></td></tr>
<tr><td>1</td><td>车工</td><td>粗车、精车左端面</td><td></td><td></td><td>CA6140</td><td>45°端面车刀</td><td></td><td></td></tr>
<tr><td>2</td><td>车工</td><td>粗车、精车 ϕ11.5 mm、ϕ9.5 mm 外圆及 61.5 mm(1.5 mm)、60 mm 长度</td><td></td><td></td><td>CA6140</td><td>90°外圆车刀、外径千分尺、游标卡尺</td><td></td><td></td></tr>
<tr><td>3</td><td>钻攻</td><td>打中心孔,用 ϕ2.4 mm 麻花钻钻深 10 mm 盲孔,用 M3 丝锥攻丝 9 mm</td><td></td><td></td><td>CA6140</td><td>中心钻、ϕ2.4 mm 麻花钻、M3 丝锥、游标卡尺</td><td></td><td></td></tr>
<tr><td>4</td><td>车工</td><td>调头粗、精车右端面,保证总长在 125 mm</td><td></td><td></td><td>CA6140</td><td>45°端面车刀、游标卡尺</td><td></td><td></td></tr>
<tr><td>5</td><td>车工</td><td>粗车、精车 ϕ9.5 mm、ϕ7.9 mm 外圆及 63.5(55)mm、8.5 mm 长度</td><td></td><td></td><td>CA6140</td><td>90°外圆车刀、外径千分尺、游标卡尺</td><td></td><td></td></tr>
<tr><td>6</td><td>车工</td><td>粗车、精车 1°圆锥面及 52.5 mm 长度</td><td></td><td></td><td>CA6140</td><td>万能角度尺、游标卡尺</td><td></td><td></td></tr>
<tr><td>7</td><td>钻攻</td><td>打中心孔,用 ϕ2.4 mm 麻花钻钻深 9.5 mm 盲孔,用 M3 丝锥攻丝 8.5 mm</td><td></td><td></td><td>CA6140</td><td>中心钻、ϕ2.4 mm 麻花钻、M3 丝锥、游标卡尺</td><td></td><td></td></tr>
<tr><td>8</td><td>去毛刺</td><td>去除全部毛刺</td><td></td><td></td><td>钳工台</td><td>锉刀</td><td></td><td></td></tr>
<tr><td>9</td><td>检验</td><td>按图示要求检查</td><td></td><td></td><td>检验台</td><td>外径千分尺、游标卡尺</td><td></td><td></td></tr>
</table>

<table>
<tr><td></td><td></td><td></td><td></td><td></td><td></td><td></td><td></td><td></td><td></td><td>设计(日期)</td><td>审核(日期)</td><td>标准化(日期)</td><td>会签(日期)</td><td></td></tr>
<tr><td>标记</td><td>处数</td><td>更改文件号</td><td>签字</td><td>日期</td><td>标记</td><td>处数</td><td>更改文件号</td><td>签字</td><td>日期</td><td></td><td></td><td></td><td></td><td></td></tr>
</table>

（三）操作注意事项

1. 戴好防护镜、工作帽，穿好工作服、劳保鞋。

2. 该零件形状细长，切削外圆时，应控制好切削用量，避免切削力过大。

3. 加工 M3 螺纹孔时，正确使用丝锥攻丝，防止滑丝，损坏螺纹。

（四）操作实施

根据各小组制订的工艺规程进行操作加工。

要求：小组分工明确，全员参与，操作规范、安全。

（五）检查分享

1. 质量检测。

完成零件加工后，对照质量检测表（表 1-2-6）与实操的技术要点，在“学生自测”栏内填写“工件质量”栏中“检测项目”的自测结果，本组质检员进行抽测，其余项目由教师负责检测和评分。

表 1-2-6　锤身质量检测表

分类	序号	检测项目	检测内容	配分	学生自测	教师检测	得分
工件质量	1	外圆	ϕ9.5 mm，ϕ11.5 mm，ϕ7.9 mm	10			
	2	锥度	1°	10			
	3	螺纹	M3	10			
	4	长度	125 mm	10			
	5	长度	60 mm，61.5 mm，9.5 mm，11 mm	10			
	6	表面粗糙度	*Ra*3.2	5			
	7		*Ra*6.3	5			
	8	零件外形	零件整体外形	10			
分类	序号	考核内容		配分	说明		得分
加工工艺	1	完成加工工艺卡		5	加工工艺是否合理、高效		
	2	刀具与切削用量选择合理		5	刀具与切削用量 1 个不合理处扣 1 分		
现场操作规范	1	安全操作		10	违反 1 条操作规程扣 5 分		
	2	工量具的正确使用及摆放		5	工量具使用不规范或错误 1 处扣 1 分		
	3	设备的正确操作和维护保养		5	违反 1 条维护保养规程扣 1 分		
评分标准：尺寸和形状、位置精度按照 IT14，精度超差时扣该项目全部分，粗糙度降级，该项目不得分							
评分人			时间			总得分	

2. 成果分享。

由各小组对其工艺规程、加工零件进行分享及问题解答。针对问题，教师及时进行现场指导与分析。

小组工作：及时记录问题与解决方案，分享新收获，突出要点，以便提升总结能力。

任务三　锤柄套的加工

（一）课前准备

1. 按照工作计划完成线上学习任务。

（1）通过网络平台发布锤柄套零件图（图 1-2-4）和安全保护锤装配图（图 1-2-8），布置工作任务。通过查询互联网、查阅图书馆资料等途径收集、分析有关信息，然后分组进行锤柄套的工艺分析。

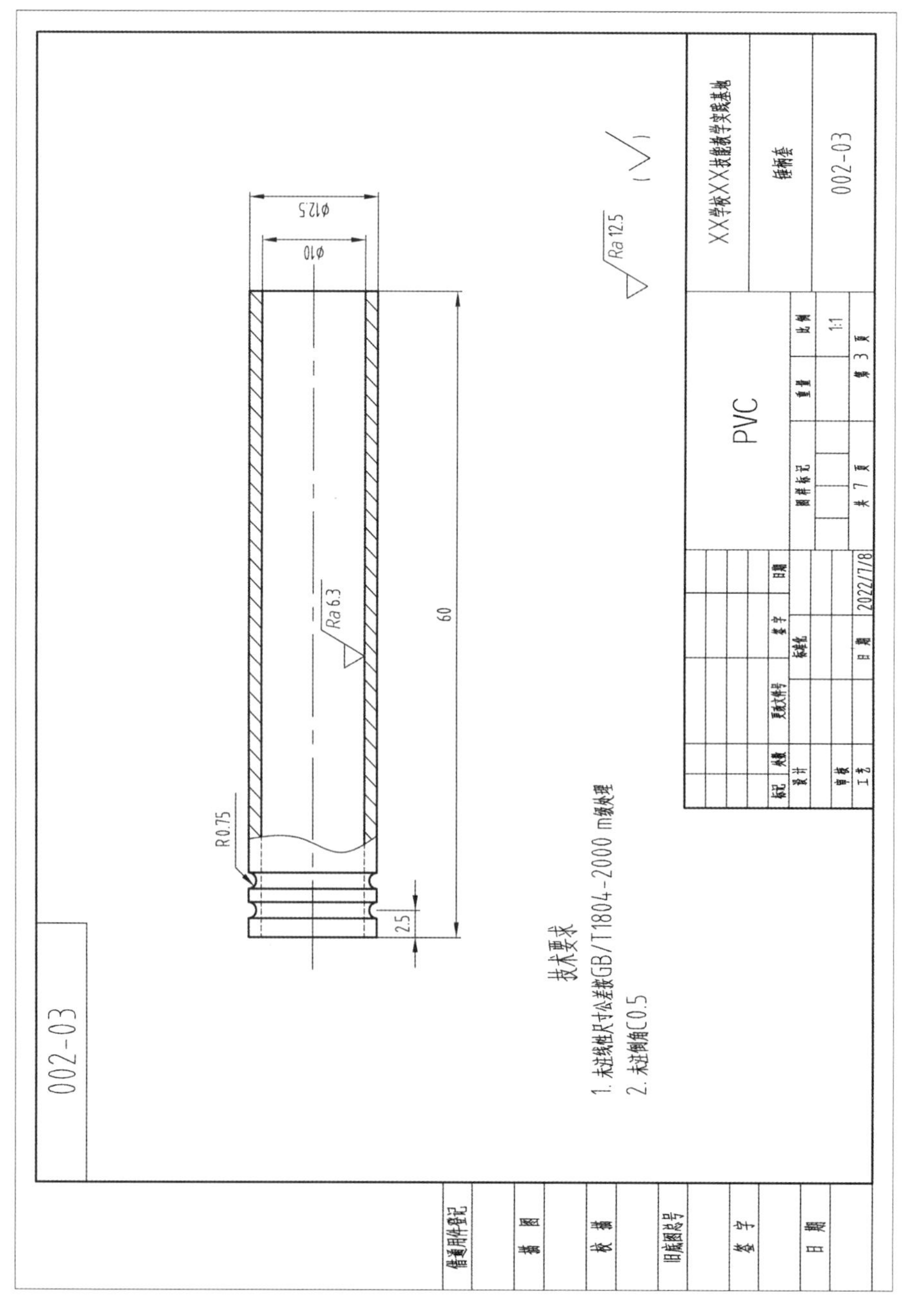

图 1-2-4　锤柄套零件图

（2）在网络讨论组内进行成果分享、交流与讨论。

2. 做好工作准备。

（1）量具：游标卡尺、钢直尺各 1 把。

（2）材料：尼龙若干段（依据实训人数确定材料数量），尺寸为 ϕ15 mm×65 mm。

（3）工具：45°端面车刀、90°外圆刀、切槽刀、中心钻、ϕ9. 8 mm 麻花钻、R0. 75 球头刀、锉刀。

3. 任务引导。

安全保护锤的锤柄套与锤身配合，通过后端盖将锤柄套固定在锤身上，身长为 60 mm，直径为 ϕ10 mm、ϕ12. 5 mm，外表面均匀分布 22 个 R0. 75 波纹槽。

（1）如何正确刃磨球头刀具?

（2）如何确定加工不同材质时的切削用量?

（二）计划分工

1. 小组分工。

每 4~5 人为一小组，按角色分工配合完成任务。具体分工见表 1-2-7。

表 1-2-7　小组分工

小组信息	班级名称			日期	
	小组名称			组长姓名	
	岗位分工	汇报员	记录员	技术员	质检员
	成员姓名				

说明：组长负责组织协调工作，汇报员负责分享信息并进行项目讲解，质检员负责计时和录像，记录员负责记录工作过程和填写表格，技术员负责项目的操作实施。

2. 制订工作计划。

小组成员共同讨论工作计划，制订最优的加工工艺方案，编制工艺过程卡（表 1-2-8）。

表 1-2-8　工艺过程卡

××学校××技能教学实践基地	机械加工工艺过程卡片	产品型号	迷你型	零件图号	002-03			
		产品名称	安全保护锤	零件名称	锤柄套	共 7 页	第 3 页	
材料牌号	PVC	毛坯种类	棒料	毛坯外形尺寸	ϕ15 mm×65 mm	每毛坯件数 1	每台件数 1	备注 002-02 零件完成后方可做
工序号	工序名称	工序内容	车间	工段	设备	工艺装备	工时 准终	工时 单件
		002-02 零件完成后方可做						
0	毛坯	下料 ϕ15 mm×65 mm			G4028	钢直尺		
1	车工	粗车、精车左右两端面，保证总长在 60 mm			CA6140	45°端面车刀、游标卡尺		
2	车工	粗车、精车外圆面在 ϕ12.5 mm			CA6140	45°端面车刀、外径千分尺		
3	车工	利用 R0.75 成形车刀车削波纹套			CA6140	R0.75 成形车刀		
4	计算	根据 002-02 零件套把部分的实际外径尺寸确定套筒的内径尺寸				外径千分尺		
5	车工	打中心孔、选用 ϕ10 mm 麻花钻钻头钻成通孔			CA6140	中心钻、ϕ10 mm 麻花钻		
6	铰孔	根据 002-02 零件套把部分的实际外径尺寸与套筒的内径尺寸确定是否进行（按照公差相关要求选取）			CA6140	铰刀		
7	去毛刺	去除全部毛刺			钳工台	锉刀		
8	检验	按图示要求检查			检验台	游标卡尺		
				设计（日期）	审核（日期）	标准化（日期）	会签（日期）	
标记 处数 更改文件号 签字 日期	标记 处数 更改文件号 签字 日期							

（三）操作注意事项

1. 戴好防护镜、工作帽，穿好工作服、劳保鞋。
2. 锤柄套采用 PVC 材料，切削速不宜太高。
3. 车外圆及波纹槽采用一夹一顶装夹方式。
4. 锤柄套加工内孔尺寸与锤身实际外径尺寸相吻合。

（四）操作实施

根据各小组制订的工艺规程进行操作加工。

要求：小组分工明确，全员参与，操作规范、安全。

（五）检查分享

1. 质量检测。

完成零件加工后，对照质量检测表（表 1-2-9）与实操的技术要点，在“学生自测”栏内填写“工件质量”栏中“检测项目”的自测结果，本组质检员进行抽测，其余项目由教师负责检测和评分。

表 1-2-9 锤柄套质量检测表

分类	序号	检测项目	检测内容	配分	学生自测	教师检测	得分
工件质量	1	外圆	ϕ12.5 mm	10			
	2	圆弧	R0.75	10			
	3	间距	2.5 mm	5			
	4	长度	60 mm	10			
	5	钻孔	ϕ10 mm	5			
	6	表面粗糙度	*Ra*6.3	5			
	7		*Ra*12.5	5			
	8	零件外形	零件整体外形	10			
分类	序号	考核内容		配分	说明		得分
加工工艺	1	完成加工工艺卡		5	加工工艺是否合理、高效		
	2	刀具与切削用量选择合理		5	刀具与切削用量 1 个不合理处扣 1 分		
现场操作规范	1	安全操作		10	违反 1 条操作规程扣 5 分		
	2	工量具的正确使用及摆放		10	工量具使用不规范或错误 1 处扣 2 分		
	3	设备的正确操作和维护保养		10	违反 1 条维护保养规程扣 2 分		
评分标准：尺寸和形状、位置精度按照 IT14，精度超差时扣该项目全部分，粗糙度降级，该项目不得分							
评分人			时间		总得分		

2. 成果分享。

由各小组对其工艺规程、加工零件进行分享及问题解答。针对问题，教师及时进行

现场指导与分析。

小组工作：及时记录问题与解决方案，分享新收获，突出要点，以便提升总结能力。

任务四　锤头架的加工

（一）课前准备

1. 按照工作计划完成线上学习任务。

（1）通过网络平台发布锤头架零件图（图 1-2-5）和安全保护锤装配图（图 1-2-8），布置工作任务。通过查询互联网、查阅图书馆资料等途径收集、分析有关信息，然后分组进行锤头架的工艺分析。

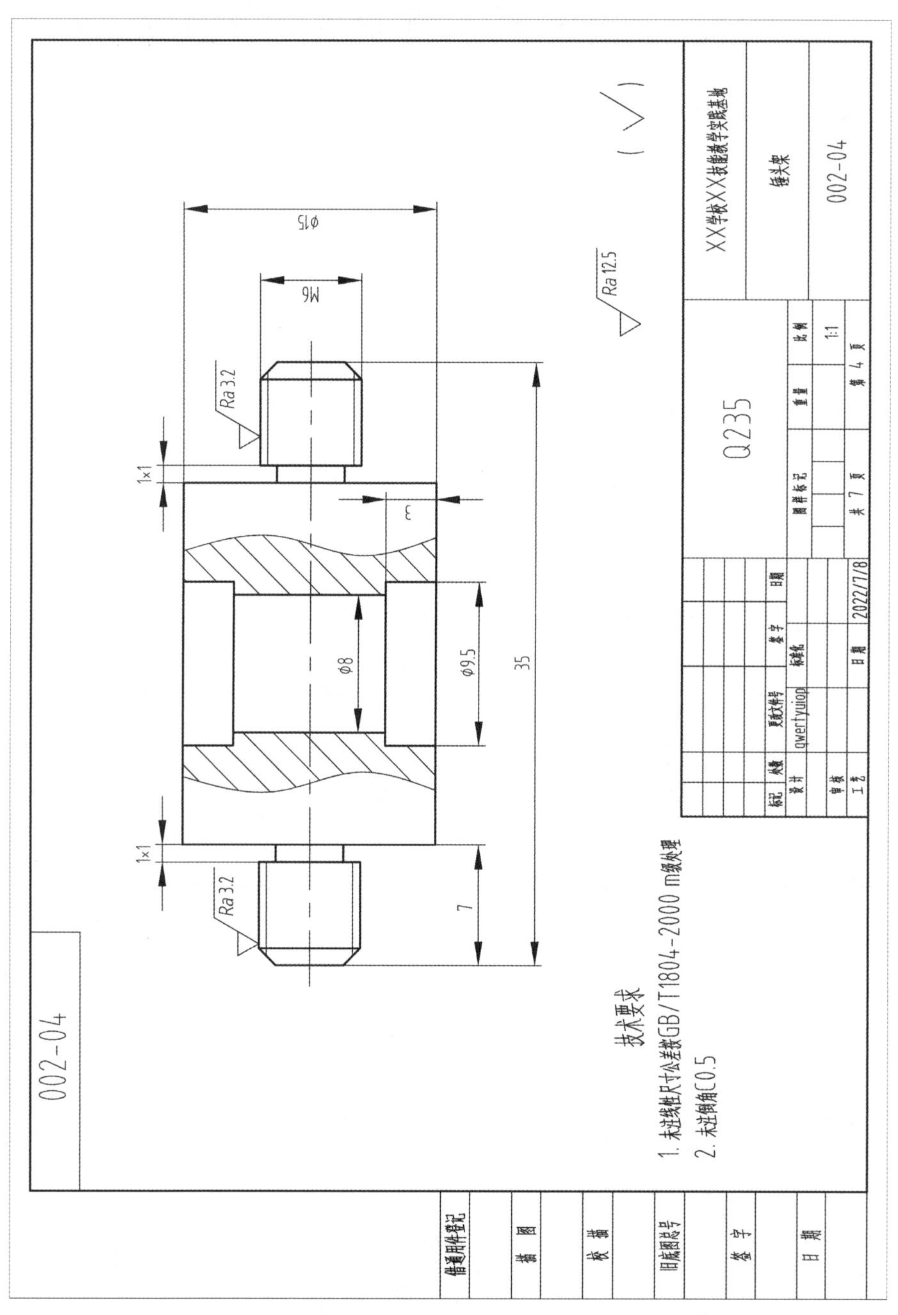

图 1-2-5　锤头架零件图

（2）在网络讨论组内进行成果分享、交流与讨论。

2. 做好工作准备。

（1）量具：游标卡尺、钢直尺、高度游标卡尺各 1 把。

（2）材料：Q235 若干段（依据实训人数确定材料数量），尺寸为 ϕ18 mm×40 mm。

（3）工具：45°端面车刀、90°外圆刀、中心钻、ϕ5 mm/ϕ8 mm/ϕ9.5 mm 麻花钻各 1 支、M6 圆板牙 1 副、成形车刀、锯弓、样冲、锤子、锉刀。

3. 任务引导。

安全保护锤的锤头架与锤身配合，通过前盖板将锤头架固定在锤身上，两端是 M6 外螺纹，中间直径为 ϕ8 mm、ϕ9.5 mm 台阶孔。

（1）了解加工内螺纹的方法。

（2）如何保证 ϕ8 与 ϕ9.5 的同轴度？

（二）计划分工

1. 小组分工。

每 4~5 人为一小组，按角色分工配合完成任务。具体分工见表 1-2-10。

表 1-2-10　小组分工

小组信息	班级名称			日期	
	小组名称			组长姓名	
	岗位分工	汇报员	记录员	技术员	质检员
	成员姓名				

说明：组长负责组织协调工作，汇报员负责分享信息并进行项目讲解，质检员负责计时和录像，记录员负责记录工作过程和填写表格，技术员负责项目的操作实施。

2. 制订工作计划。

小组成员共同讨论工作计划，制订最优的加工工艺方案，编制工艺过程卡（表 1-2-11）。

表 1-2-11　工艺过程卡

××学校××技能教学实践基地	机械加工工艺过程卡片	产品型号	迷你型	零件图号	002-04		
		产品名称	安全保护锤	零件名称	锤头架	共 7 页	第 4 页

材料牌号	Q235	毛坯种类	型材	毛坯外形尺寸	ϕ18 mm×40 mm	每毛坯件数	1	每台件数	1	备注	

工序号	工序名称	工序内容	车间	工段	设备	工艺装备	工时	
							准终	单件
0	毛坯	下料 ϕ18 mm×40 mm			钳工台	锯子、钢直尺		
1	车工	粗车、精车左右两端面，总长在 35 mm			CA6140	45°端面车刀，游标卡尺		
2	车工	粗车、精车外圆面 ϕ15 mm、ϕ6 mm 及实际出头长度，7 mm 长度			CA6140	90°外圆车刀、外径千分尺、游标卡尺		
3	车工	利用 DIN76-B 成形车刀车削退刀槽（一半做好后同工序 2、3）			CA6140	DIN76-B 成形车刀		
4	板牙	用 M6 板牙板到 6 mm（左右各 1 个）			钳工台	M6 板牙		
5	划线	确定中心位置，用样冲进行冲眼			钳工台	高度游标卡尺、锤子、样冲		
6	打孔	利用机用平口钳装夹，打中心孔，钻 ϕ8 mm 通孔，ϕ9.5 mm、深 3 mm 的沉孔（另一面沉孔同工序 6）			Z516	中心钻、ϕ8 mm 麻花钻、ϕ9.5 mm 麻花钻、游标卡尺		
7	去毛刺	去除全部毛刺			钳工台	锉刀		
8	检验	按图示要求检查			检验台	外径千分尺、游标卡尺		

										设计（日期）	审核（日期）	标准化（日期）	会签（日期）		
标记	处数	更改文件号	签字	日期	标记	处数	更改文件号	签字	日期						

（三）操作注意事项

1. 戴好防护镜、工作帽，穿好工作服、劳保鞋。

2. 选择成形车刀车削退刀槽。

3. 零件尺寸较小，使用 M6 圆板牙套螺纹。

（四）操作实施

根据各小组制订的工艺规程进行操作加工。

要求：小组分工明确，全员参与，操作规范、安全。

（五）检查分享

1. 质量检测。

完成零件加工后，对照质量检测表（表 1-2-12）与实操的技术要点，在“学生自测”栏内填写“工件质量”栏中“检测项目”的自测结果，本组质检员进行抽测，其余项目由教师负责检测和评分。

表 1-2-12　锤头架质量检测表

分类	序号	检测项目	检测内容	配分	学生自测	教师检测	得分
工件质量	1	外圆	ϕ15 mm	5			
	2	切槽	1 mm×1 mm	10			
	3	螺纹	M6	15			
	4	长度	7 mm，35 mm	10			
	5	钻孔	ϕ8 mm，ϕ9.5 mm，深 3 mm	10			
	6	表面粗糙度	*Ra*3.2	5			
	7		*Ra*12.5	5			
	8	零件外形	零件整体外形	10			
分类	序号	考核内容		配分	说明		得分
加工工艺	1	完成加工工艺卡		5	加工工艺是否合理、高效		
	2	刀具与切削用量选择合理		5	刀具与切削用量 1 个不合理处扣 1 分		
现场操作规范	1	安全操作		10	违反 1 条操作规程扣 5 分		
	2	工量具的正确使用及摆放		5	工量具使用不规范或错误 1 处扣 1 分		
	3	设备的正确操作和维护保养		5	违反 1 条维护保养规程扣 1 分		
评分标准：尺寸和形状、位置精度按照 IT14，精度超差时扣该项目全部分，粗糙度降级，该项目不得分							
评分人			时间			总得分	

2. 成果分享。

由各小组对其工艺规程、加工零件进行分享及问题解答。针对问题，教师及时进行

现场指导与分析。

小组工作：及时记录问题与解决方案，分享新收获，突出要点，以便提升总结能力。

任务五　橡胶锤头的加工

（一）课前准备

1. 按照工作计划完成线上学习任务。

（1）通过网络平台发布橡胶锤头零件图（图 1-2-6）和安全保护锤装配图（图 1-2-8），布置工作任务。通过查询互联网、查阅图书馆资料等途径收集、分析有关信息，然后分组进行橡胶锤头的工艺分析。

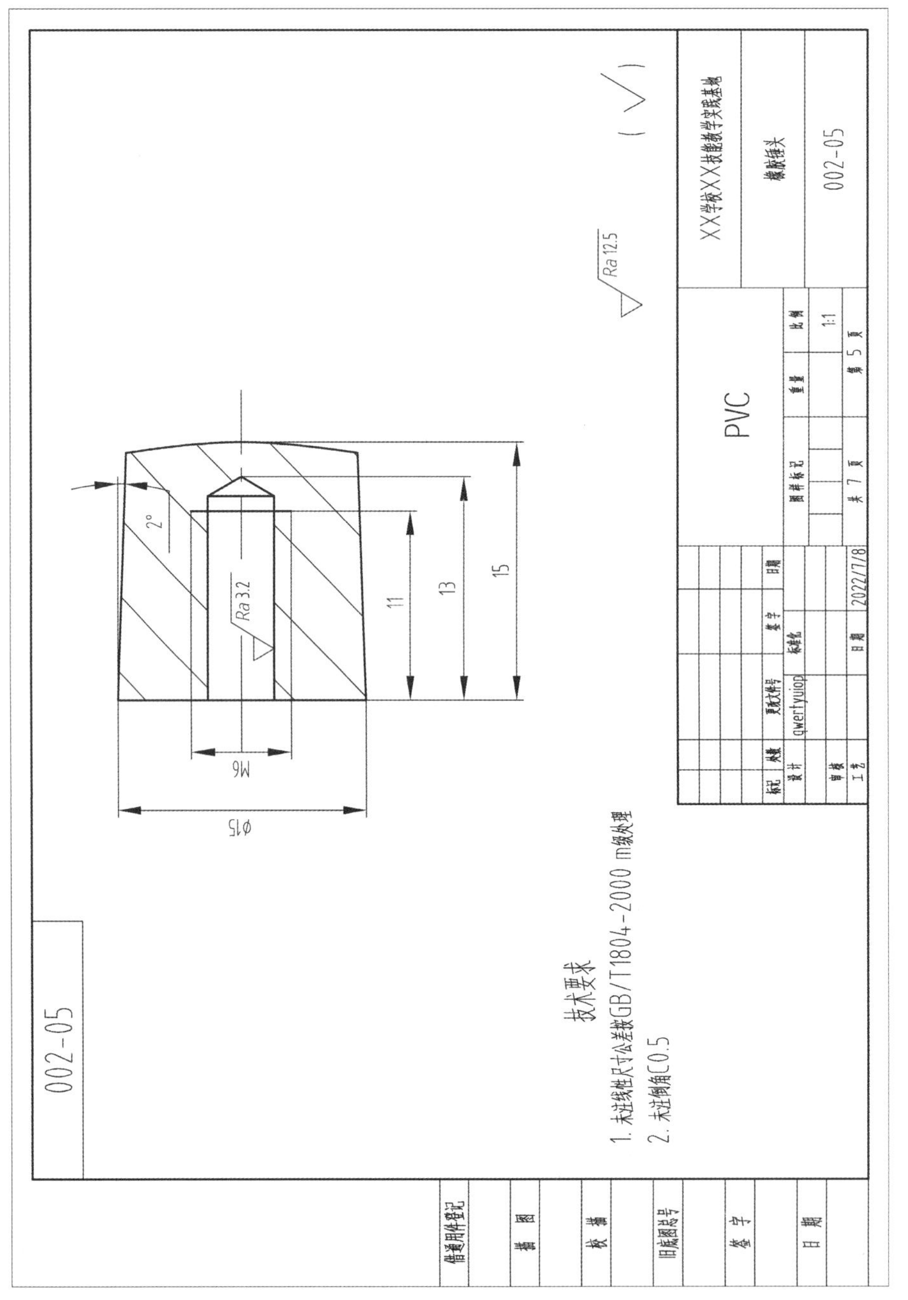

图 1-2-6　橡胶锤头零件图

(2) 在网络讨论组内进行成果分享、交流与讨论。

2. 做好工作准备。

(1) 量具：游标卡尺、钢直尺、高度游标卡尺、万能角度尺各 1 把。

(2) 材料：尼龙若干段（依据实训人数确定材料数量），尺寸为 ϕ18 mm×18 mm。

(3) 工具：45°端面车刀、中心钻、ϕ5 mm 麻花钻、锤子、样冲、锯弓、锉刀。

3. 任务引导。

安全保护锤的橡胶锤头与锤头架配合，通过内外螺纹固定在锤头架上，两端是 M6 内螺纹，外端有球面。

(1) 如何根据内螺纹螺距计算底孔尺寸？

(2) 了解车床手动攻丝的方法及注意事项。

(二) 计划分工

1. 小组分工。

每 4~5 人为一小组，按角色分工配合完成任务。具体分工见表 1-2-13。

表 1-2-13 小组分工

<table>
<tr><td rowspan="4">小组信息</td><td>班级名称</td><td colspan="2"></td><td>日期</td><td></td></tr>
<tr><td>小组名称</td><td colspan="2"></td><td>组长姓名</td><td></td></tr>
<tr><td>岗位分工</td><td>汇报员</td><td>记录员</td><td>技术员</td><td>质检员</td></tr>
<tr><td>成员姓名</td><td></td><td></td><td></td><td></td></tr>
</table>

说明：组长负责组织协调工作，汇报员负责分享信息并进行项目讲解，质检员负责计时和录像，记录员负责记录工作过程和填写表格，技术员负责项目的操作实施。

2. 制订工作计划。

小组成员共同讨论工作计划，制订最优的加工工艺方案，编制工艺过程卡（表 1-2-14）。

表 1-2-14　工艺过程卡

××学校××技能教学实践基地	机械加工工艺过程卡片		产品型号	迷你型	零件图号	002−05		
			产品名称	安全保护锤	零件名称	橡胶锤头	共 7 页	第 5 页
材料牌号	pvc	毛坯种类：棒料	毛坯外形尺寸	ϕ18 mm×25 mm	每毛坯件数	1	每台件数：1	备注
工序号	工序名称	工序内容	车间	工段	设备	工艺装备	工时	
							准终	单件
0	毛坯	下料 ϕ18 mm×18 mm			G4028	钢直尺		
1	车工	粗车、精车右端面，车至长度为 15 mm			CA6140	45°端面车刀		
2	车工	粗车、精车 ϕ15 mm×15 mm 外圆			CA6140	45°端面车刀、外径千分尺、游标卡尺		
3	车工	粗车、精车 2°外圆锥面			CA6140	45°端面车刀、万能角度尺		
5	划线	确定中心位置，用样冲进行冲眼			钳工台	高度游标卡尺、锤子、样冲		
5	钻孔	打中心孔，用 ϕ5. 4 mm 麻花钻钻 13 mm 盲孔			Z516	中心钻、ϕ5. 4 mm 麻花钻、游标卡尺		
6	攻螺纹	用 M6 丝锥攻丝 11 mm			钳工台	M6 丝锥		
7	去毛刺	去除全部毛刺			钳工台	锉刀		
8	检验	按图示要求检查			检验台	外径千分尺、游标卡尺		
					设计（日期）	审核（日期）	标准化（日期）	会签（日期）
标记 处数 更改文件号 签字 日期	标记 处数 更改文件号 签字 日期							

（三）操作注意事项

1. 戴好防护镜、工作帽，穿好工作服、劳保鞋。
2. 使用 M6 丝锥手动攻丝。
3. 与件 002-04 配合车削零件外圆及锥度

（四）操作实施

根据各小组制订的工艺规程进行操作加工。

要求：小组分工明确，全员参与，操作规范、安全。

（五）检查分享

1. 质量检测。

完成零件加工后，对照质量检测表（表 1-2-15）与实操的技术要点，在“学生自测”栏内填写“工件质量”栏中“检测项目”的自测结果，本组质检员进行抽测，其余项目由教师负责检测和评分。

表 1-2-15　橡胶锤头质量检测表

<table>
<tr><th>分类</th><th>序号</th><th>检测项目</th><th>检测内容</th><th>配分</th><th>学生自测</th><th>教师检测</th><th>得分</th></tr>
<tr><td rowspan="7">工件质量</td><td>1</td><td>外圆</td><td>ϕ15 mm</td><td>10</td><td></td><td></td><td></td></tr>
<tr><td>2</td><td>圆弧</td><td></td><td>5</td><td></td><td></td><td></td></tr>
<tr><td>3</td><td>锥度</td><td>2°</td><td>15</td><td></td><td></td><td></td></tr>
<tr><td>4</td><td>长度</td><td>15 mm</td><td>10</td><td></td><td></td><td></td></tr>
<tr><td>5</td><td>攻丝</td><td>M6</td><td>10</td><td></td><td></td><td></td></tr>
<tr><td>6</td><td>表面粗糙度</td><td>$Ra3.2$</td><td>5</td><td></td><td></td><td></td></tr>
<tr><td>7</td><td>零件外形</td><td>零件整体外形</td><td>10</td><td></td><td></td><td></td></tr>
<tr><th>分类</th><th>序号</th><th colspan="2">考核内容</th><th>配分</th><th colspan="2">说明</th><th>得分</th></tr>
<tr><td>加工工艺</td><td>1</td><td colspan="2">刀具与切削用量选择合理</td><td>5</td><td colspan="2">刀具与切削用量 1 个不合理处扣 1 分</td><td></td></tr>
<tr><td rowspan="3">现场操作规范</td><td>1</td><td colspan="2">安全操作</td><td>10</td><td colspan="2">违反 1 条操作规程扣 5 分</td><td></td></tr>
<tr><td>2</td><td colspan="2">工量具的正确使用及摆放</td><td>10</td><td colspan="2">工量具使用不规范或错误 1 处扣 2 分</td><td></td></tr>
<tr><td>3</td><td colspan="2">设备的正确操作和维护保养</td><td>10</td><td colspan="2">违反 1 条维护保养规程扣 2 分</td><td></td></tr>
<tr><td colspan="8">评分标准：尺寸和形状、位置精度按照 IT14，精度超差时扣该项目全部分，粗糙度降级，该项目不得分</td></tr>
<tr><td>评分人</td><td colspan="2"></td><td>时间</td><td colspan="2"></td><td>总得分</td><td></td></tr>
</table>

2. 成果分享。

由各小组对其工艺规程、加工零件进行分享及问题解答。针对问题，教师及时进行现场指导与分析。

小组工作：及时记录问题与解决方案，分享新收获，突出要点，以便提升总结能力。

任务六 前盖板的加工

（一）课前准备

1. 按照工作计划完成线上学习任务。

（1）通过网络平台发布前盖板零件图（图 1-2-7）和安全保护锤装配图（图 1-2-8），布置工作任务。通过查询互联网、查阅图书馆资料等途径收集、分析有关信息，然后分组进行前盖板的工艺分析。

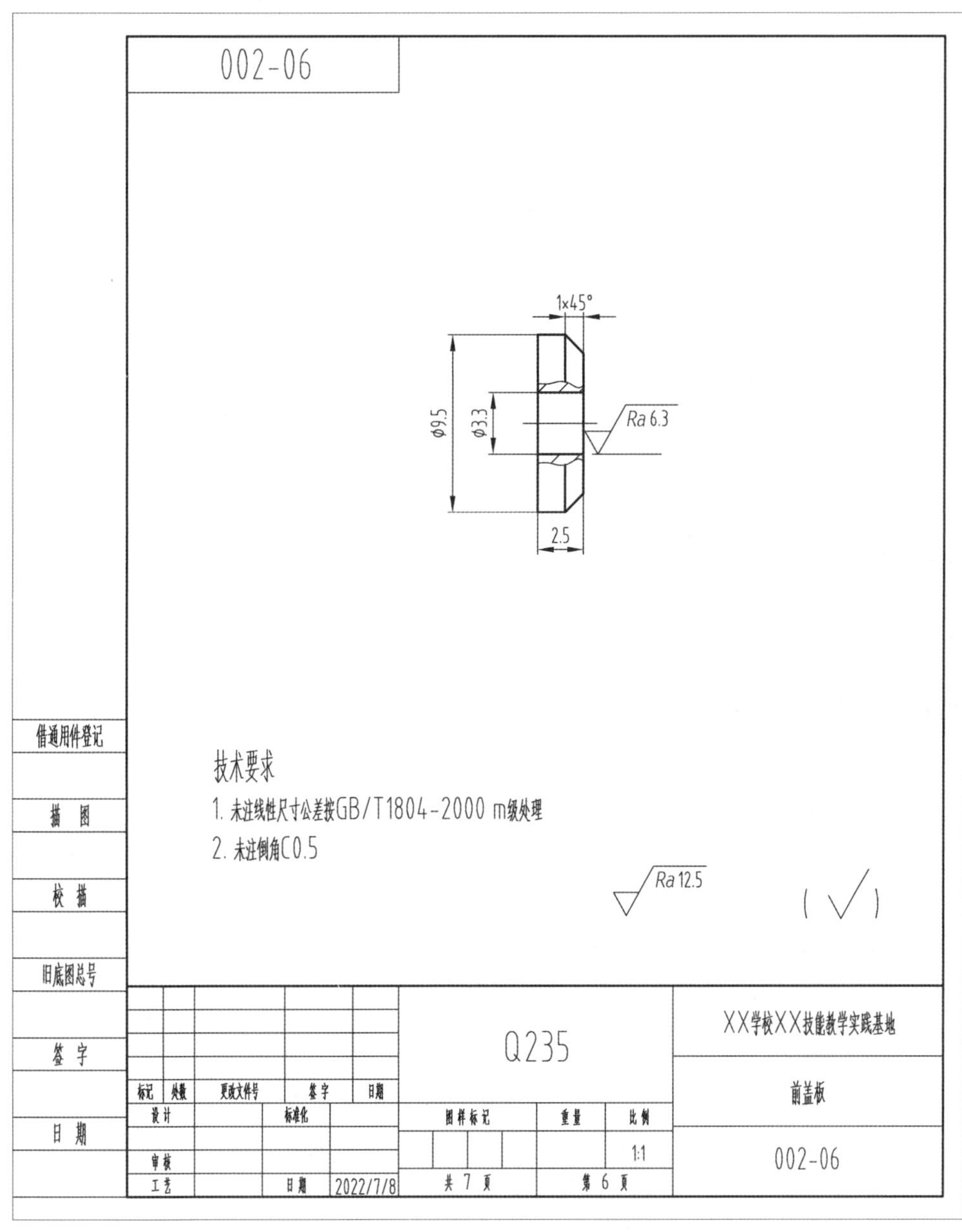

图 1-2-7 前盖板零件图

（2）在网络讨论组内进行成果分享、交流与讨论。

2. 做好工作准备。

（1）量具：游标卡尺、钢直尺各 1 把。

（2）材料：Q235 若干段（依据实训小组数确定材料数量），尺寸为 ϕ15 mm×25 mm。

（3）工具：45°端面车刀、90°外圆刀、切槽刀、中心钻、ϕ3. 3 mm 麻花钻、锉刀。

3. 任务引导。

安全保护锤的前盖板与锤头架用 M3 螺钉连接，直径 ϕ9. 5 mm，板厚为 2. 5 mm，内孔 ϕ3. 3 mm。

根据现有设备和精度要求制订前盖板的加工工艺方案。

（二）计划分工

1. 小组分工。

每 4~5 人为一小组，按角色分工配合完成任务。具体分工见表 1-2-16。

表 1-2-16　小组分工

小组信息	班级名称			日期	
	小组名称			组长姓名	
	岗位分工	汇报员	记录员	技术员	质检员
	成员姓名				

说明：组长负责组织协调工作，汇报员负责分享信息并进行项目讲解，质检员负责计时和录像，记录员负责记录工作过程和填写表格，技术员负责项目的操作实施。

2. 制订工作计划。

小组成员共同讨论工作计划，制订最优的加工工艺方案，编制工艺过程卡（表 1-2-17）。

表 1-2-17　工艺过程卡

××学校××技能教学实践基地	机械加工工艺过程卡片		产品型号	迷你型	零件图号	002-06		
			产品名称	安全保护锤	零件名称	前盖板	共 7 页	第 6 页
材料牌号	Q235	毛坯种类	圆钢	毛坯外形尺寸	ϕ15 mm×50 mm	每毛坯件数 4	每台件数 1	备注

工序号	工序名称	工序内容	车间	工段	设备	工艺装备	工时 准终	工时 单件
0	毛坯	下料 ϕ15 mm×25 mm			G4028	钢直尺		
1	车工	粗、精车右端面			CA6140	45°端面车刀		
2	车工	粗、精车 ϕ9. 5 mm×18 mm 外圆，倒 1 mm×45°角			CA6140	45°端面车刀、外径千分尺、游标卡尺		
3	钻削	打中心孔，用 ϕ3. 3 mm 麻花钻钻通孔，用 45°ϕ6 mm 锪钻锪孔			CA6140	中心钻、ϕ3. 3 mm 麻花钻、游标卡尺、45°ϕ6 mm 锪钻		
4	车工	切断，保证总长在 2. 5 mm			CA6140	切槽刀、游标卡尺		
5	去毛刺	去除全部毛刺			钳工台	锉刀		
6	检验	按图示要求检查			检验台	外径千分尺、游标卡尺		

										设计（日期）	审核（日期）	标准化（日期）	会签（日期）		
标记	处数	更改文件号	签字	日期	标记	处数	更改文件号	签字	日期						

（三）操作注意事项

1. 戴好防护镜、工作帽，穿好工作服、劳保鞋。

2. 使用钳工工作台虎钳去除毛刺。

（四）操作实施

根据各小组制订的工艺规程进行操作加工。

要求：小组分工明确，全员参与，操作规范、安全。

（五）检查分享

1. 质量检测。

完成零件加工后，对照质量检测表（表 1-2-18）与实操的技术要点，在“学生自测”栏内填写“工件质量”栏中“检测项目”的自测结果，本组质检员进行抽测，其余项目由教师负责检测和评分。

表 1-2-18　前盖板质量检测表

<table>
<tr><th>分类</th><th>序号</th><th>检测项目</th><th>检测内容</th><th>配分</th><th>学生自测</th><th>教师检测</th><th>得分</th></tr>
<tr><td rowspan="7">工件质量</td><td>1</td><td>外圆</td><td>ϕ9. 5 mm</td><td>15</td><td></td><td></td><td></td></tr>
<tr><td>2</td><td>倒角</td><td>1 mm×45°</td><td>5</td><td></td><td></td><td></td></tr>
<tr><td>3</td><td>长度</td><td>2. 5 mm</td><td>10</td><td></td><td></td><td></td></tr>
<tr><td>4</td><td>钻孔</td><td>ϕ3. 3 mm</td><td>10</td><td></td><td></td><td></td></tr>
<tr><td>5</td><td rowspan="2">表面粗糙度</td><td>Ra6. 3</td><td>5</td><td></td><td></td><td></td></tr>
<tr><td>6</td><td>Ra12. 5</td><td>5</td><td></td><td></td><td></td></tr>
<tr><td>7</td><td>零件外形</td><td>零件整体外形</td><td>10</td><td></td><td></td><td></td></tr>
<tr><th>分类</th><th>序号</th><th colspan="2">考核内容</th><th>配分</th><th colspan="2">说明</th><th>得分</th></tr>
<tr><td rowspan="2">加工工艺</td><td>1</td><td colspan="2">加工工艺的填写</td><td>5</td><td colspan="2">加工工艺是否合理、高效。</td><td></td></tr>
<tr><td>2</td><td colspan="2">刀具与切削用量选择合理</td><td>5</td><td colspan="2">刀具与切削用量 1 个不合理处扣 1 分</td><td></td></tr>
<tr><td rowspan="3">现场操作规范</td><td>1</td><td colspan="2">安全操作</td><td>10</td><td colspan="2">违反 1 条操作规程扣 5 分</td><td></td></tr>
<tr><td>2</td><td colspan="2">工量具的正确使用及摆放</td><td>10</td><td colspan="2">工量具使用不规范或错误 1 处扣 2 分</td><td></td></tr>
<tr><td>3</td><td colspan="2">设备的正确操作和维护保养</td><td>10</td><td colspan="2">违反 1 条维护保养规程扣 2 分</td><td></td></tr>
<tr><td colspan="8">评分标准：尺寸和形状、位置精度按照 IT14，精度超差时扣该项目全部分，粗糙度降级，该项目不得分</td></tr>
<tr><td>评分人</td><td colspan="2"></td><td>时间</td><td colspan="2"></td><td>总得分</td><td></td></tr>
</table>

2. 成果分享。

由各小组对其工艺规程、加工零件进行分享及问题解答。针对问题，教师及时进行现场指导与分析。

小组工作：及时记录问题与解决方案，分享新收获，突出要点，以便提升总结能力。

任务七　安全保护锤的装配

（一）课前准备

1. 按照工作计划完成线上学习任务。

（1）通过网络平台发布安全保护锤装配图（图 1-2-8），布置工作任务。通过查询互联网、查阅图书馆资料等途径收集、分析有关信息，然后分组进行安全保护锤的装配工艺分析。

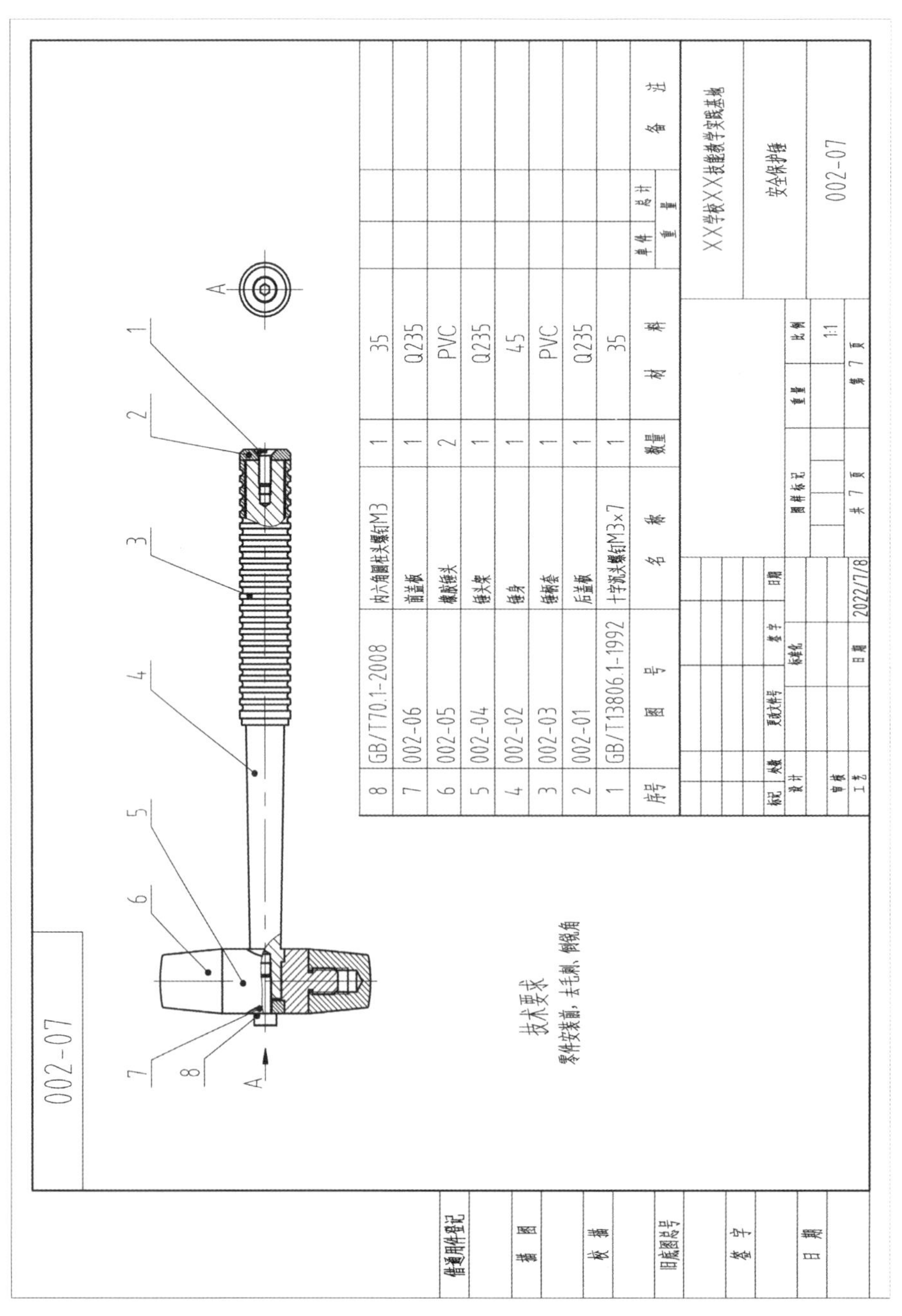

图 1-2-8　安全保护锤装配图

(2) 在网络讨论组内进行成果分享、交流与讨论。

2. 做好工作准备。

(1) 量具：游标卡尺 1 把、钢直尺、万能角度尺、外径千分尺。

(2) 材料：已加工工件（01~06），标准件：M3 螺钉 2 个。

(3) 工具：锉刀、螺丝、十字刀、内六角螺丝刀等。

3. 任务引导。

安全保护锤由后盖板、锤身、锤柄套、锤头架、橡胶锤头、前盖板等 6 个部分组成。

了解简单零件装配的过程及注意事项。

（二）计划分工

1. 小组分工。

每 4~5 人为一小组，按角色分工配合完成任务。具体分工见表 1-2-19。

表 1-2-19 小组分工

<table>
<tr><td rowspan="4">小组信息</td><td>班级名称</td><td colspan="2"></td><td>日期</td><td></td></tr>
<tr><td>小组名称</td><td colspan="2"></td><td>组长姓名</td><td></td></tr>
<tr><td>岗位分工</td><td>汇报员</td><td>记录员</td><td>技术员</td><td>质检员</td></tr>
<tr><td>成员姓名</td><td></td><td></td><td></td><td></td></tr>
</table>

说明：组长负责组织协调工作，汇报员负责分享信息并进行项目讲解，质检员负责计时和录像，记录员负责记录工作过程和填写表格，技术员负责项目的操作实施。

2. 制订工作计划。

小组成员共同讨论工作计划，制订最优的装配工艺方案，编制工艺过程卡（表 1-2-20）。

表 1-2-20 装配工艺过程卡

序号	具体操作步骤	设备	工具	刀具	量具
步骤 1					
步骤 2					
步骤 3					
步骤 4					
步骤 5					
步骤 6					
步骤 7					
步骤 8					

（三）操作注意事项

(1) 装配时注意先装配锤身或锤头。

锤身：将锤柄套套在锤身后，再放上后盖板，用件 1 螺钉拧紧。

锤头：将橡胶锤头装在锤头架上并拧紧。

（2）将锤头与锤身配合好后，用件 8 螺钉拧紧。

（3）凡涉及螺纹连接处，手动施加一定预紧力即可。

（四）操作实施

根据各小组制订的工艺规程进行装配。

要求：小组分工明确，全员参与，操作规范、安全。

（五）检查分享

1. 质量检测。

完成零件装配后，对照装配质量检测表（表 1-2-21）与实操的技术要点，在“学生自测”栏内填写“装配质量”栏中“检测项目”的自测结果，本组质检员进行抽测，其余项目由教师负责检测和评分。

表 1-2-21　装配质量检测表

<table>
<tr><th>分类</th><th>序号</th><th>检测项目</th><th>检测内容</th><th>配分</th><th>学生自测</th><th>教师检测</th><th>得分</th></tr>
<tr><td rowspan="5">装配质量</td><td>1</td><td>锤头架与锤身装配是否牢固</td><td>不应有移位、松动等</td><td>10</td><td></td><td></td><td></td></tr>
<tr><td>2</td><td>橡胶套筒与锤柄装配是否松动</td><td>不应有移位、松动等</td><td>10</td><td></td><td></td><td></td></tr>
<tr><td>3</td><td>锤体表面质量</td><td>不应有裂纹、毛刺、缺损、锈斑等影响外观和使用性能的缺陷</td><td>10</td><td></td><td></td><td></td></tr>
<tr><td>4</td><td>螺纹连接</td><td>不能出现滑丝，错位</td><td>10</td><td></td><td></td><td></td></tr>
<tr><td>5</td><td>装配体外形</td><td>装配体整体外形</td><td>10</td><td></td><td></td><td></td></tr>
<tr><th>分类</th><th>序号</th><th colspan="2">考核内容</th><th>配分</th><th colspan="2">说明</th><th>得分</th></tr>
<tr><td rowspan="2">装配工艺</td><td>1</td><td colspan="2">装配工艺方案的填写</td><td>10</td><td colspan="2">装配工艺是否合理、高效</td><td></td></tr>
<tr><td>2</td><td colspan="2">装配</td><td>10</td><td colspan="2">工具使用 1 个不合理处扣 2 分</td><td></td></tr>
<tr><td rowspan="3">现场操作规范</td><td>1</td><td colspan="2">安全操作</td><td>10</td><td colspan="2">违反 1 条操作规程扣 5 分</td><td></td></tr>
<tr><td>2</td><td colspan="2">工量具的正确使用及摆放</td><td>10</td><td colspan="2">工量具使用不规范或错误 1 处扣 2 分</td><td></td></tr>
<tr><td>3</td><td colspan="2">设备的正确操作和维护保养</td><td>10</td><td colspan="2">违反 1 条维护保养规程扣 2 分</td><td></td></tr>
<tr><th>评分人</th><td colspan="2"></td><th>时间</th><td colspan="2"></td><th>总得分</th><td></td></tr>
</table>

2. 成果分享。

由各小组对其工艺规程、加工零件进行分享及问题解答。针对问题，教师及时进行现场指导与分析。

小组工作：及时记录问题与解决方案，分享新收获，突出要点，以便提升总结能力。

任务八 项目评价与拓展

项目任务工作评价表见表 1-2-22。

表 1-2-22 项目任务工作评价表

小组名			姓名		评价日期		
项目名称					评价时间		
否决项		违反设备操作规程与安全环保规范，造成设备损坏或人身事故，该项目 0 分					
评价要素		配分	等级与评分细则（等级系数:A=1,B=0.8,C=0.6,D=0.2,E=0）		自我评价	小组评价	教师评价
1	课前准备	20	A. 能正确查询资料，制订的工艺计划准确完美 B. 能正确查询信息，工艺计划有少量修改 C. 能查阅手册，工艺计划基本可行 D. 经提示会查阅手册，工艺计划有大缺陷 E. 未完成				
2	项目工作计划	20	A. 能根据工艺计划制订合理的工作计划 B. 能参考工艺计划，工作计划有小缺陷 C. 制订的工作计划基本可行 D. 制订了计划，有重大缺陷 E. 未完成				
3	工作任务实施与检查	30	A. 严格按工艺计划与工作规程实施计划，遇到问题能正确分析并解决，检查过程正常开展 B. 能认真实施技术计划，检查过程正常 C. 能实施保养与检查，检查过程正常 D. 保养、检查过程不完整 E. 未参与				
4	安全环保意识	10	A. 能严格遵守安全规范，及时处理工作垃圾，时刻注意观察安全隐患与环保因素 B. 能遵守各规范，有安全环保意识 C. 能遵守规范，实施过程安全正常 D. 安全环保意识淡薄 E. 无安全环保意识				
5	综合素质考核	20	A. 积极参与小组工作，按时完成工作页，全勤 B. 能参与小组工作，完成工作页，出勤率 90%以上 C. 能参与小组工作，出勤率 80%以上 D. 能参与工作，出勤率 80%以下 E. 未反映参与工作				
总分		100	得分				
根据学生实际情况，由培训师设定三个项目评分的权重，如 3：3：4					30%	30%	40%
加权后得分							
综合总分							

学生签字：________　　　　培训师签字：________
（日期）　　　　　　　　　（日期）

四、项目学习总结

谈谈自己在这个项目中收获了哪些知识，重点写出不足及今后工作的改进计划。

五、扩展与提高

请同学们结合下列图纸，制订橡胶锤（图 1-2-9）中非标件锤头架（图 1-2-10）和锤柄（图 1-2-11）的加工工艺。

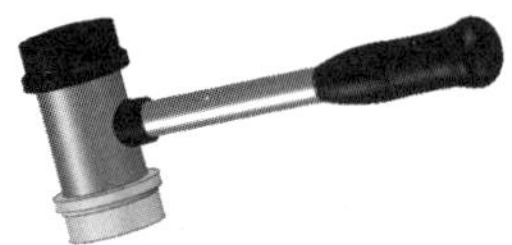

图 1-2-9　橡胶锤

图 1-2-10　锤头架

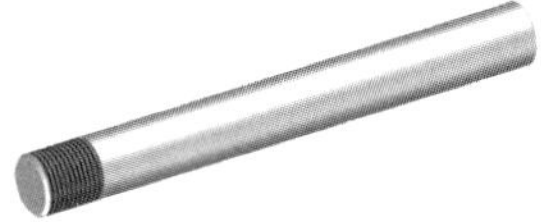

图 1-2-11　锤柄

任务描述：该橡胶锤主要用于装修贴瓷砖、安装地板、玻璃等或机械加工装配。它由锤头架、锤柄、橡胶锤头、锤柄套等 4 个部分组成。其中橡胶锤头、锤柄套可购买已加工件，只需加工锤头架和锤柄。锤头架零件图（图 1-2-12）、锤柄零件图（图 1-2-13）如下。

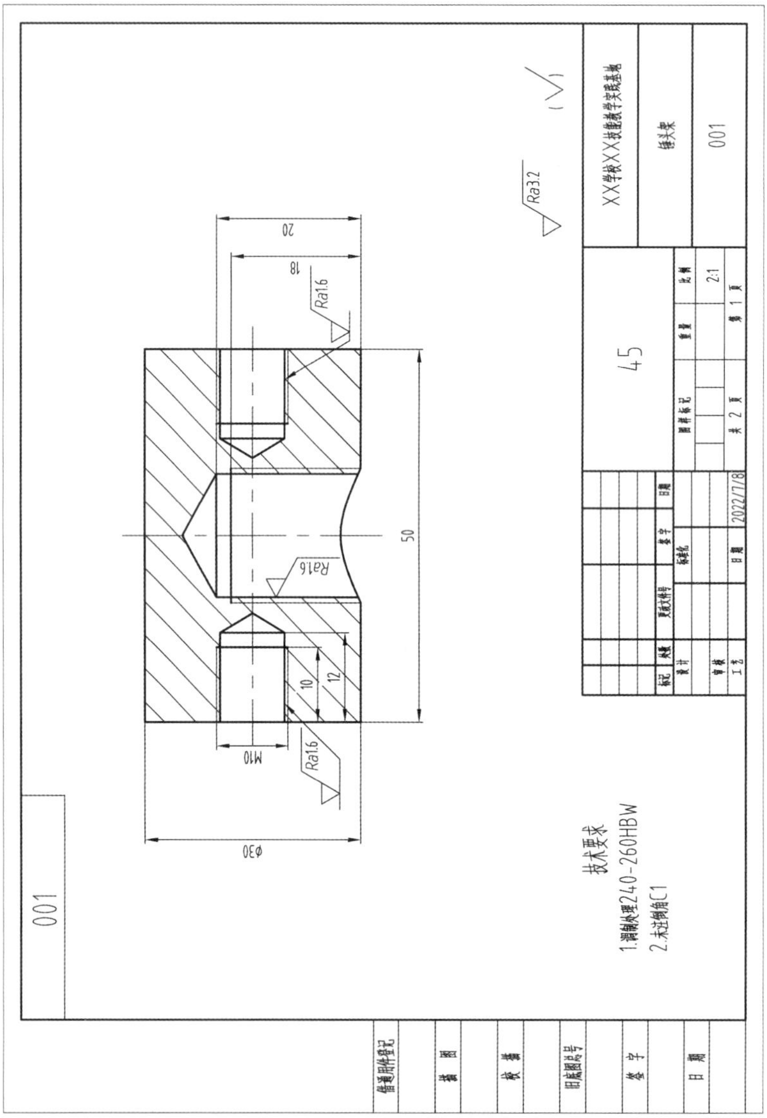

图 1-2-12　锤头架零件图

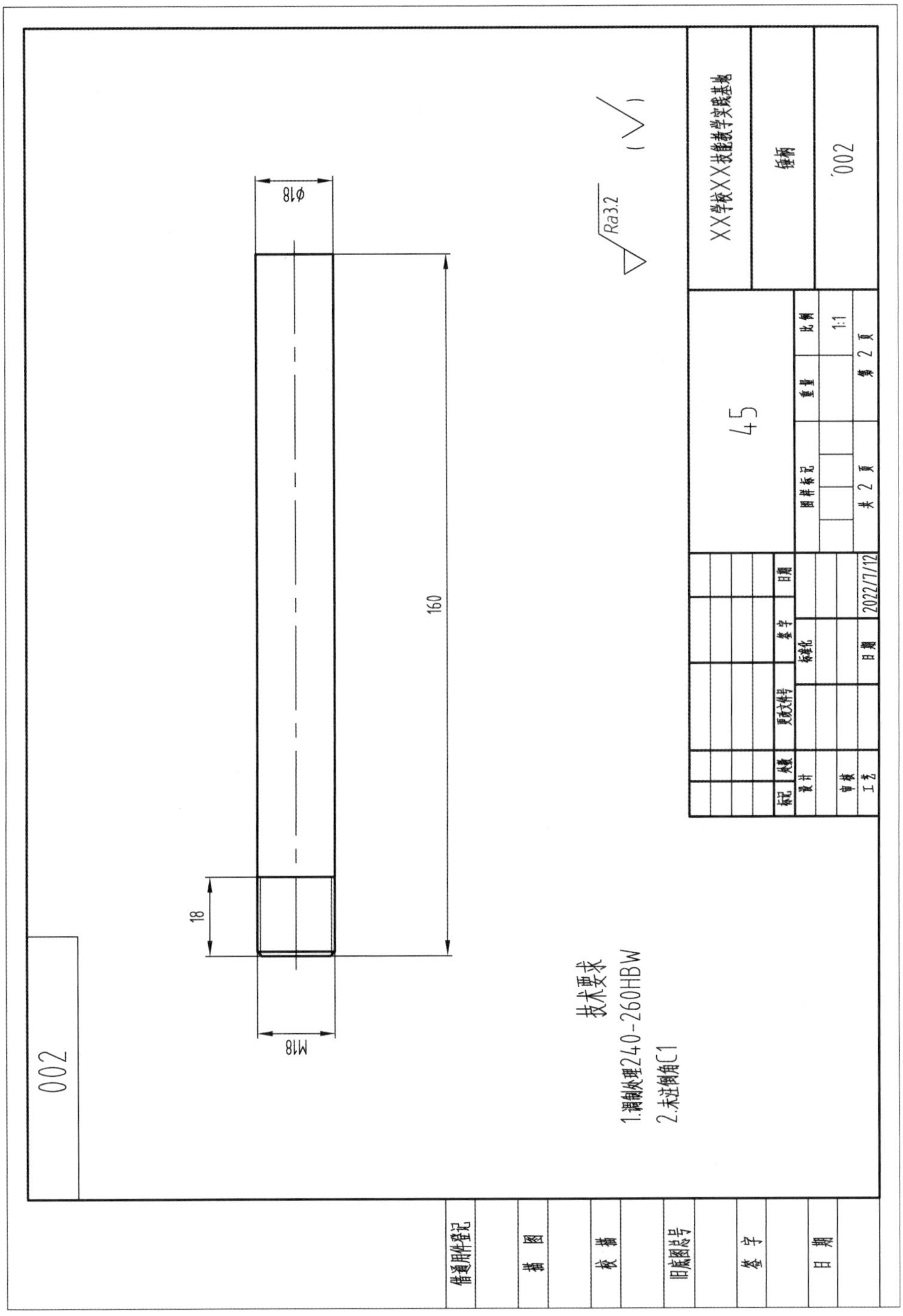

002

18

M18

φ18

160

技术要求

1.调制处理240-260HBW

2.未注倒角C1

Ra3.2 (√)

借通用件登记
描图
校描
旧底图总号
签字
日期

标记	处数	更改文件号	签字	日期	45			XX学校XX技能教学实践基地
设计		标准化			图样标记	重量	比例	锤柄
审核							1:1	´002
工艺		日期	2022/7/12		共 2 页		第 2 页	

图1-2-13　锤柄零件图

六、相关理论知识

相关理论知识参见《机械基础》《机械制造工艺与夹具》《钳工实训》等。

模块二

能力提高篇

天将降大任于斯人也，必先苦其心志，劳其筋骨，饿其体肤，空乏其身，行拂乱其所为也，所以动心忍性，增益其所不能。

——孟子

讲到学习方法，我想用六个字来概括："严格、严肃、严密。"这种科学的学习方法，除了向别人学习之外，更重要的是靠自己有意识的刻苦锻炼。

——苏步青

凡事都要脚踏实地去作，不驰于空想，不骛于虚声，而惟以求真的态度作踏实的工夫。以此态度求学，则真理可明，以此态度作事，则功业可就。

——李大钊

世界上最快而又最慢，最长而又最短，最平凡而又最珍贵，最容易被忽视而又最令人后悔的就是时间。

——高尔基

项目一 平口钳的加工

一、项目描述

某公司要生产一批小型平口钳（图 2-1-1）。该平口钳由 10 个零件组成，本次项目任务将针对每个零件的重点、难点及加工过程中的问题进行分析讨论。根据平口钳的装配图和零件图要求，经过图样分析、工艺规程编制、零件加工、质量检测、评价总结等环节，最后完成平口钳的装配。在此过程中，进行下料、锉、锯、钻、铰、车、铣、检测等技能的训练。

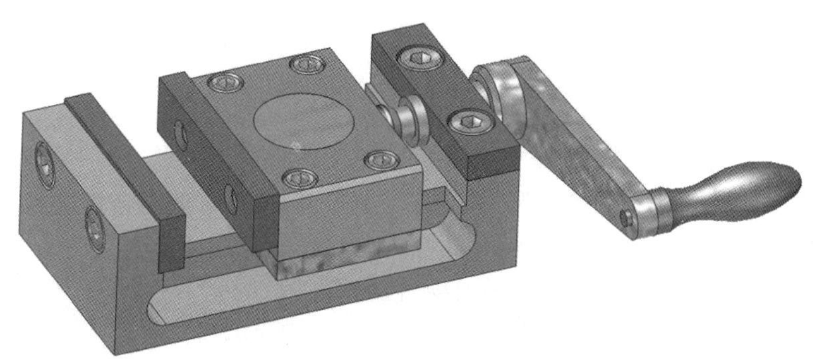

图 2-1-1 平口钳

在本次工作任务中，我们将熟悉 G4028 锯床、大连 CK6150 车床、数控 FANUC 车床、铣床的使用。熟悉加工工艺分析与制订，掌握钳工操作中锯、锉、钻、铰、攻的基本操作方法，保证基准面与其他加工面垂直度和平行度的要求，保证孔与孔间的中心距，学会排孔除料；学会完成各零件的工艺分析、数控编程，能在普通车床、数控车床、数控铣床上完成各零件的实际操作，并完成装配；学会根据图纸查阅机械手册，拟定工艺路线，加工出各零件并完成检测与装配，进行自我评价与总结。

二、项目提示

（一）工作方法

1. 根据任务描述，通过线上学习、小组讨论，进行平口钳的各零件工艺分析和加工方案选择，通过查询互联网、查阅图书馆资料等途径收集、分析有关信息。

2. 以小组讨论的形式完成工作计划。

3. 按照工作计划，完成小组成员分工。

4. 对于出现的问题，请先自行解决。如确实无法解决，再寻求帮助。

5. 与指导教师讨论，进行学习总结。

（二）工作内容

1. 工作过程按照“五步法”实施。

2. 认真回答引导问题，仔细填写相关表格。

3. 小组合作完成任务，对任务完成情况的评价应客观、全面。

4. 进行现场“7S”和“TPM”管理，并按照岗位安全操作规程进行操作。

5. 数控车削工艺分析和程序编制并实操。

6. 数控铣削工艺分析和程序编制并实操。

（三）知识储备

1. 零件图、装配图的识读。

2. 工艺规程的制订。

3. 锯床、车床、铣床、钻床、各刀具的认识及正确选用。

4. 认识和了解锯、锉、钻、铰、攻、车、铣、套丝等实训设备的使用规范和正确操作步骤。

5. 数控车/铣床设备的认识、熟悉及熟练使用。

6. 数控车/铣工艺的安排和各指令及实际零件的程序编辑。

（四）注意事项与安全环保知识

1. 熟悉各实训设备的维护保养和正确使用方法，严格按照规范操作。

2. 实训前检查机床，完成实训并经教师检查评估后，关闭电源，清扫工作台，将工具归位，注意设备的养护。

3. 请勿在没有确认装夹好工件之前启动电动实训设备，不私自操作他人机床和其他机床。

4. 实训结束后，将工具及刀具、量具放回原来的位置，做好车间“7S”管理，做好垃圾分类。

三、项目实施过程

整个项目的实施过程可分为以下 12 个任务环节。

任务一 四角扳手套筒的加工

（一）课前准备

1. 按照工作计划完成线上学习任务。

（1）从网络课程接受任务，通过查询教科书、互联网、查阅图书馆资料等途径收集、分析有关信息，然后分组进行四角扳手套筒（图 2-1-2）的工艺分析。

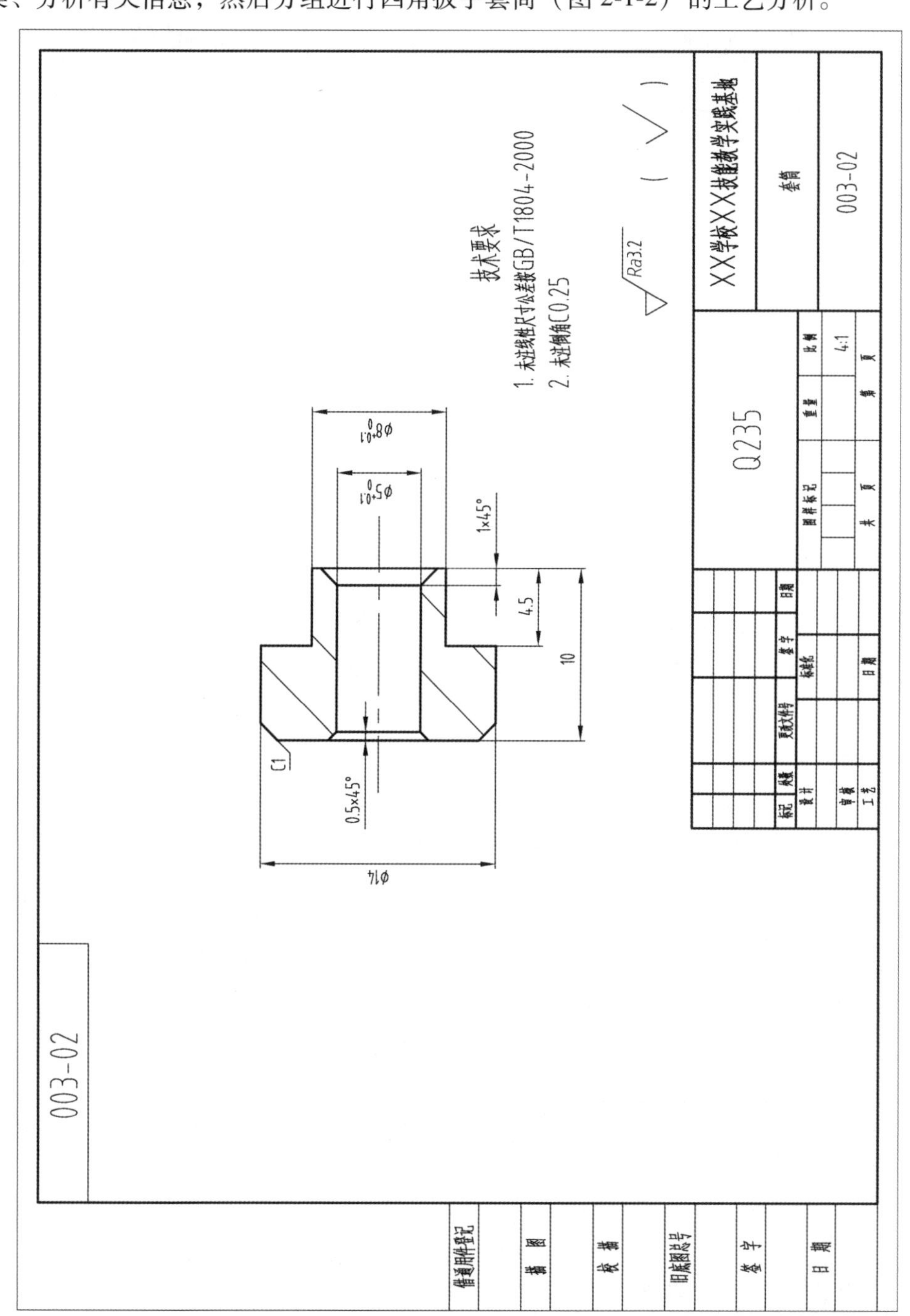

图 2-1-2 四角扳手套筒零件图

（2）在网络讨论组内进行成果分享、交流与讨论。

2. 做好工作准备。

（1）量具：电子数显游标卡尺、0~25 mm 外径千分尺、钢直尺、R 规、刀口角尺。

（2）材料：Q235，毛坯尺寸为 ϕ15 mm×24 mm。

（3）工具：45°端面刀、90°外圆刀、锯弓、中心钻、ϕ3 mm 麻花钻、ϕ6 mm 立铣刀、小方锉、什锦锉。

3. 任务引导。

（1）根据现有设备和精度要求选择合适的加工方法，用哪些设备能够经济、方便、快速地完成任务？

（2）制订合适的加工工艺方案。

（3）如何操作才能保证四方的对称度？

（4）怎样测量成品的对称度？

（5）四方孔如何保证和端面的垂直？怎样测量垂直度？

（二）计划分工

1. 小组分工。

每 4~5 人为一小组，按角色分工配合完成任务。具体分工见表 2-1-1。

表 2-1-1　小组分工

小组信息	班级名称			日期	
	小组名称			组长姓名	
	岗位分工	汇报员	记录员	技术员	质检员
	成员姓名				

说明：组长负责组织协调工作，汇报员负责分享信息并进行项目讲解，质检员负责计时和录像，记录员负责记录工作过程和填写表格，技术员负责项目的操作实施。

2. 制订工作计划。

编制工艺过程卡（表 2-1-2）时应查找《机床参数表》《机床使用说明书》《切削用量手册》《刀具手册》《机械加工工艺手册》等。

表 2-1-2　工艺过程卡

××学校××技能教学实践基地	机械加工工艺过程卡片	产品型号	迷你型	零件图号	003-02		
		产品名称	平口钳	零件名称	四角扳手套筒	共　页	第　页

材料牌号	Q235	毛坯种类	锻件	毛坯外形尺寸	ϕ15 mm×24 mm	每毛坯件数	1	每台件数	1	备注	

工序号	工序名称	工序内容	车间	工段	设备	工艺装备	工时	
							准终	单件
0	毛坯	下料 ϕ15 mm×24 mm			锯床	钢直尺		
1	车	粗车、精车右端面			普车	45°弯头车刀		
2	车	粗车、精车 ϕ14 mm×16 mm 外圆			普车	90°外圆车刀、外径千分尺、游标卡尺		
3	钻	打中心孔，用 ϕ3 mm 麻花钻钻通孔			普车	中心钻、ϕ3 mm 麻花钻、外径千分尺、游标卡尺		
4	车	切断，保证总长在 10 mm			普车	切断刀、游标卡尺		
5	铣	粗车、精铣 8 mm×4. 5 mm 四方			普铣	铣刀、游标卡尺		
6	锉	锉削内四方孔，并孔口倒角			钳工台	锉刀		
7	去毛刺	去除全部毛刺			钳工台	锉刀		
8	检验	按图示要求检查			检验桌	外径千分尺、游标卡尺		
标记	处数	更改文件号	签字	日期	标记	处数	更改文件号	签字	日期

（三）操作注意事项

1. 安全操作：穿好工作服、劳保鞋，戴好防护镜、工作帽。

2. 锯床、铣床、车床的规范操作和维护保养。

3. 铣床上做四方时先做两个相邻面，保证彼此垂直作为基准，并考虑对称要求，只有算好铣削具体尺寸，才能保证居中对称，再做另两面至四方尺寸要求。

4. 四方孔的锉削：孔小选择小方锉，注意锉削要和端面垂直，多测量，并先做好相邻两面，注意孔居中的要求，然后做另两面至尺寸要求，小心四方口的倒角锉削。

（四）操作实施

根据各小组制订的工艺规程进行操作加工。

要求：小组分工明确，全员参与，操作规范、安全。

（五）检查分享

1. 质量检测。

完成零件加工后，对照质量检测表（表 2-1-3）与实操的技术要点，在“学生自测”栏内填写“工件质量”栏中“检测项目”的自测结果，本组质检员进行抽测，其余项目由教师负责检测和评分。

表 2-1-3　套筒质量检测表

分类	序号	检测项目	检测内容	配分	学生自测	教师检测	得分
工件质量	1	外圆	ϕ14 mm	10			
	2	倒角	1 mm×45°	5			
	3	倒角	0. 5 mm×45°	5			
	4	长度	10 mm	10			
	5	长度	4. 5 mm	10			
	6	外形	□8±0. 1	10			
	7	内孔	□5 mm H7	10			
	8	表面粗糙度	*Ra*1. 6	5			
	9		*Ra*3. 2	5			
	10	零件外形	零件整体外形	5			
分类	序号	考核内容		配分	说明		得分
加工工艺	1	加工工艺方案的填写		5	加工工艺是否合理、高效		
	2	刀具与切削用量选择合理		5	刀具与切削用量 1 个不合理处扣 1 分		
现场操作规范	1	安全操作		5	违反 1 条操作规程扣 2 分		
	2	工量具的正确使用及摆放		5	工量具使用不规范或错误 1 处扣 2 分		
	3	设备的正确操作和维护保养		5	违反 1 条维护保养规程扣 2 分		
评分标准：尺寸和形状、位置精度按照 IT14，精度超差时扣该项目全部分，粗糙度降级，该项目不得分							
评分人		时间			总得分		

2. 成果分享。

由各小组对其工艺规程、加工零件进行分享及问题解答。针对问题，教师及时进行现场指导与分析。

小组工作：小组分工，及时记录问题及解决方案，分享新收获，记录要突出要点，以便提升总结能力。

任务二　四角扳手杆的加工

（一）课前准备

1. 按照工作计划完成线上学习任务。

（1）从网络课程接受任务，通过查询教科书、互联网、查阅图书馆资料等途径收集、分析有关信息，然后分组进行四角扳手杆（图 2-1-3）的工艺分析。

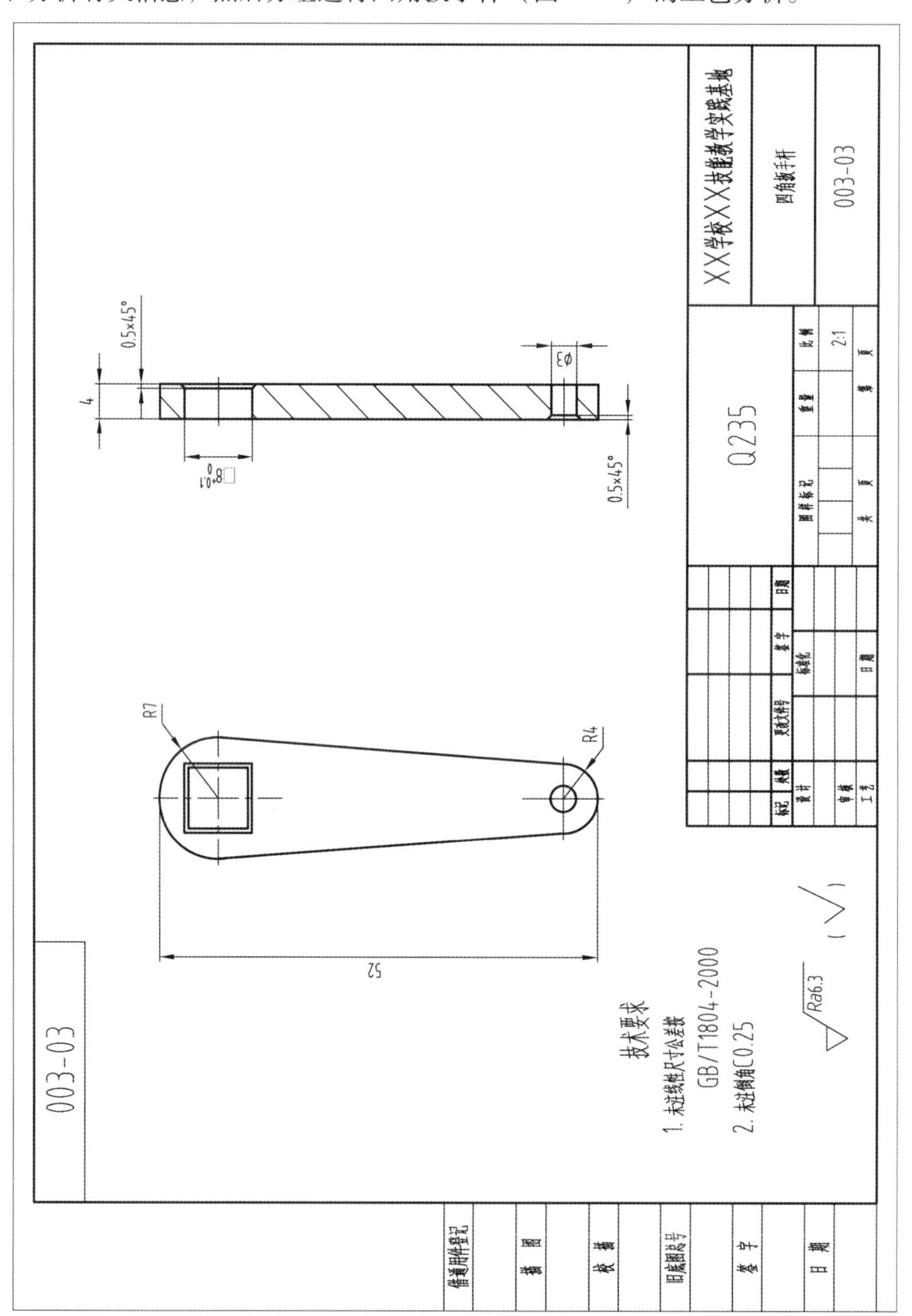

图 2-1-3　四角扳手杆零件图

（2）在网络讨论组内进行成果分享、交流与讨论。

2. 做好工作准备。

（1）量具：电子数显游标卡尺、R 规、钢直尺各 1 把。

（2）材料：Q235，毛坯尺寸为 56 mm×16 mm×6 mm。

（3）工具：圆规，划针，锯弓，中锉刀，ϕ2. 8 mm、ϕ5 mm 麻花钻，ϕ3 mm H7 铰刀，小方锉。

3. 任务引导。

（1）根据现有设备和精度要求选择加工方案。

（2）制订正确的加工工艺：在不规则薄板上钻孔、倒角应该如何装夹定位？如何安排加工顺序？

（二）计划分工

1. 小组分工。

每 4~5 人为一小组，按角色分工配合完成任务。具体分工见表 2-1-4。

表 2-1-4 小组分工

小组信息	班级名称			日期	
	小组名称			组长姓名	
	岗位分工	汇报员	记录员	技术员	质检员
	成员姓名				

说明：组长负责组织协调工作，汇报员负责分享信息并进行项目讲解，质检员负责计时和录像，记录员负责记录工作过程和填写表格，技术员负责项目的操作实施。

2. 制订工作计划。

编制工艺过程卡（表 2-1-5）时应查找《机床参数表》《机床使用说明书》《切削用量手册》《刀具手册》《机械加工工艺手册》等。

表 2-1-5 工艺过程卡

××学校××技能教学实践基地	机械加工工艺过程卡片	产品型号	迷你型	零件图号	003-03		
		产品名称	平口钳	零件名称	四角扳手杆	共 页	第 页

材料牌号	Q235	毛坯种类	板料	毛坯外形尺寸	16 mm×6 mm×56 mm	每毛坯件数	1	每台件数	1	备注	

工序号	工序名称	工序内容	车间	工段	设备	工艺装备	工时 准终	工时 单件
0	毛坯	下料 16 mm×6 mm×56 mm			锯床	钢直尺		
1	铣	铣削六面至 14 mm×4 mm×54 mm			普铣	机用平口钳、端铣刀、游标卡尺		
2	划线	划线、冲眼			钳工台	高度游标卡尺、锤子、划针、样冲		
3	钻、铰	打中心孔，用 $\phi2.8$ mm 麻花钻通孔并倒角，用 $\phi3$ mm H7 铰刀铰孔，用 $\phi5$ mm 麻花钻钻通孔			普钻	中心钻、$\phi2.8$ mm 麻花钻、90°锪钻		
4	锉	锉削正方形孔并倒角			钳工台	方形锉刀、游标卡尺		
5	锉	锉削 R7、R4 两圆头，锉削两切面成形			钳工台	扁锉刀、R 规、游标卡尺		
6	去毛刺	去除全部毛刺			钳工台	锉刀		
7	检验	按图示要求检查			检验桌	外径千分尺、游标卡尺		

标记	处数	更改文件号	签字	日期	标记	处数	更改文件号	签字	日期						

（三）操作注意事项

1. 安全操作：穿好工作服、劳保鞋，戴好防护镜、工作帽。
2. 锯床、铣床、钻床的规范操作和维护保养。
3. 钻小孔操作注意事项，手工（机铰）铰孔注意事项。
4. 圆头锉削和平面的相切过渡：锉刀走圆弧，保证顺滑过渡。

（四）操作实施

根据各小组制订的工艺规程进行操作加工。

要求：小组分工明确，全员参与，操作规范、安全。

（五）检查分享

1. 质量检测。

完成零件加工后，对照质量检测表（表 2-1-6）与实操的技术要点，在“学生自测”栏内填写“工件质量”栏中“检测项目”的自测结果，本组质检员进行抽测，其余项目由教师负责检测和评分。

表 2-1-6　四角扳手杆质量检测表

分类	序号	检测项目	检测内容	配分	学生自测	教师检测	得分
工件质量	1	外圆弧	R4，R7	10			
	2	方孔	8±0.1	10			
	3	倒角	0.5 mm×45°	5			
	4	长度	52 mm	10			
	5	钻铰孔	ϕ3 mm H7	10			
	6	表面粗糙度	Ra1.6	5			
	7	零件外形	Ra3.2	5			
	8		零件整体外形	5			
分类	序号	考核内容		配分	说明		得分
加工工艺	1	加工工艺方案的填写		5	加工工艺是否合理、高效		
	2	刀具与切削用量选择合理		5	刀具与切削用量 1 个不合理处扣 1 分		
现场操作规范	1	安全操作		10	违反 1 条操作规程扣 5 分		
	2	工量具的正确使用及摆放		10	工量具使用不规范或错误 1 处扣 2 分		
	3	设备的正确操作和维护保养		10	违反 1 条维护保养规程扣 2 分		
评分标准：尺寸和形状、位置精度按照 IT14，精度超差时扣该项目全部分，粗糙度降级，该项目不得分							
评分人			时间		总得分		

2. 成果分享。

由各小组对其工艺规程、加工零件进行分享及问题解答。针对问题，教师及时进行

现场指导与分析。

小组工作：小组分工，及时记录问题及解决方案，分享新收获，记录要突出要点，以便提升总结能力。

任务三　手柄的加工

（一）课前准备

1. 按照工作计划完成线上学习任务。

（1）从网络课程接受任务，通过查询互联网、查阅图书馆资料等途径收集、分析有关信息，然后分组进行手柄（图 2-1-4）的工艺分析。

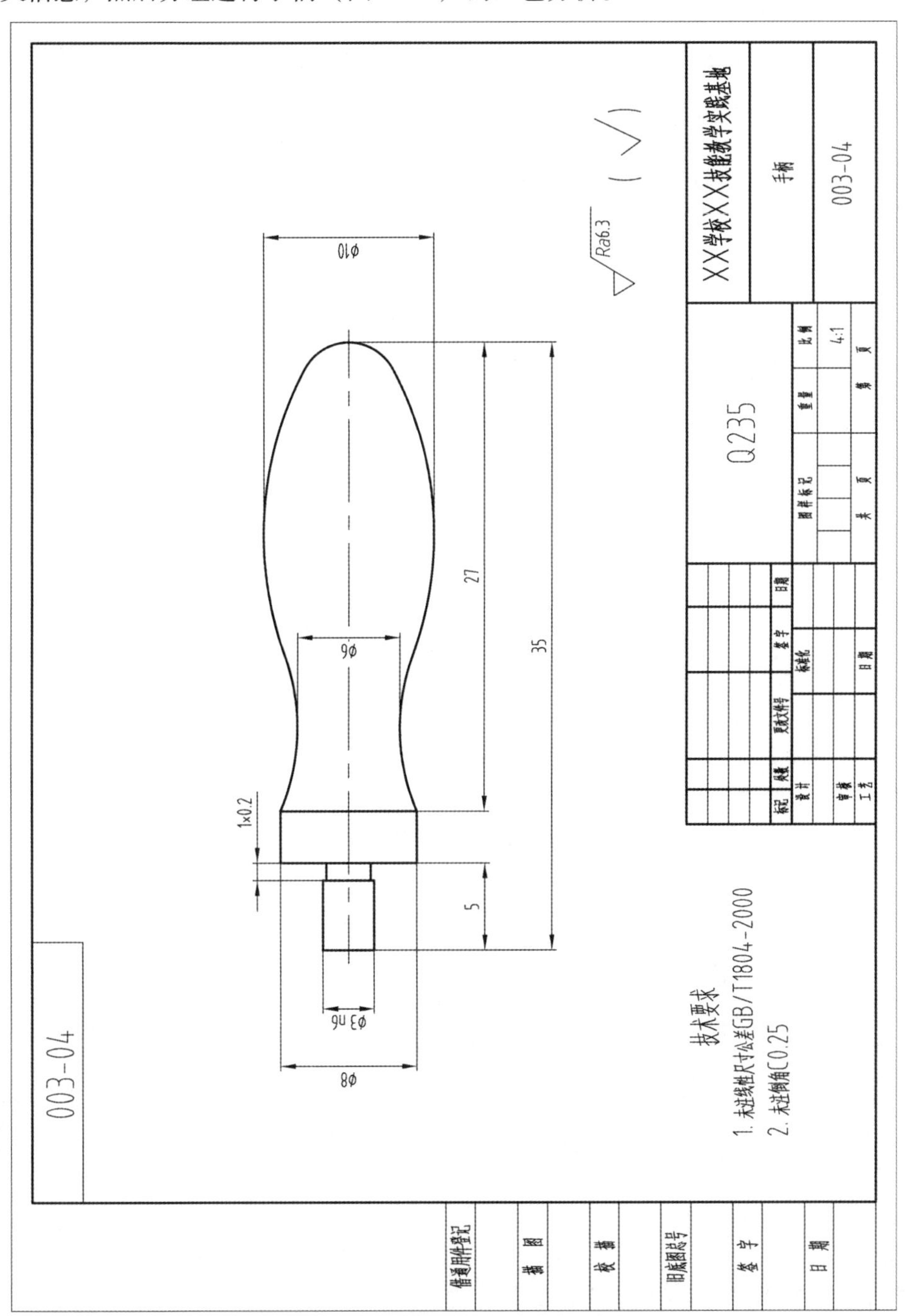

图 2-1-4　手柄零件图

（2）在网络讨论组内进行成果分享、交流与讨论。

2. 做好工作准备。

（1）量具：电子数显游标卡尺、R 规、钢直尺各 1 把。

（2）材料：Q235，尺寸为 ϕ15 mm×45 mm。

（3）工具：45°端面刀、外圆尖刀、切槽刀、锯弓、什锦锉。

3. 任务引导。

（1）根据现有设备和精度要求选择加工方案。

（2）一段弧形面的另一端短小又有窄槽，如何制订加工工艺？

（3）如何正确应用 G73 指令编程，在数控车床上完成曲面手柄的加工？

（4）特殊窄小刀具的刃磨注意事项有哪些？

（二）计划分工

1. 小组分工。

每 4~5 人为一小组，按角色分工配合完成任务。具体分工见表 2-1-7。

表 2-1-7　小组分工

小组信息	班级名称			日期	
	小组名称			组长姓名	
	岗位分工	汇报员	记录员	技术员	质检员
	成员姓名				

说明：组长负责组织协调工作，汇报员负责分享信息并进行项目讲解，质检员负责计时和录像，记录员负责记录工作过程和填写表格，技术员负责项目的操作实施。

2. 制订工作计划。

编制工艺过程卡（表 2-1-8）时应查找《机床参数表》《机床使用说明书》《切削用量手册》《刀具手册》《机械加工工艺手册》等。

表 2-1-8　工艺过程卡

××学校××技能教学实践基地	机械加工工艺过程卡片	产品型号	迷你型	零件图号	003-04		
		产品名称	平口钳	零件名称	手柄	共　页	第　页

材料牌号	Q235	毛坯种类	锻件	毛坯外形尺寸	ϕ15 mm×55 mm	每毛坯件数	1	每台件数	1	备注	

工序号	工序名称	工序内容	车间	工段	设备	工艺装备	工时 准终	工时 单件
0	毛坯	下料 ϕ15 mm×55 mm			锯床	钢直尺		
1	车	粗车、精车削右端面			数车	45°弯头车刀、外径千分尺、游标卡尺		
2	车	车削右端曲面外形，保证外圆 ϕ8 mm 及各圆弧长度大于 40 mm			数车	外圆尖刀、外径千分尺、游标卡尺		
3	车	切槽刀车削 ϕ3 mm H6 圆柱，切 1 mm×0.2 mm 槽			数车	切槽刀、外径千分尺、游标卡尺		
4	车	切断，保证总长			数车	切断刀、外径千分尺、游标卡尺		
5	去毛刺	去除全部毛刺			钳工台	锉刀		
6	检验	按图示要求检查			检验桌	外径千分尺、游标卡尺		

										设计(日期)	审核(日期)	标准化(日期)	会签(日期)		
标记	处数	更改文件号	签字	日期	标记	处数	更改文件号	签字	日期						

（三）操作注意事项

1. 上机床时穿好工作服、劳保鞋，戴好防护镜、工作帽。
2. 数控车床的操作规范和注意事项。
3. 工艺安排和程序的编写，G73 指令的应用，
4. 刀具的选择和 1 mm×0. 2 mm 切槽刀的刃磨。
5. 细长小零件的装夹和尺寸注意。

（四）操作实施

根据各小组制订的工艺规程进行操作加工。

要求：小组分工明确，全员参与，操作规范、安全。

（五）检查分享

1. 质量检测。

完成零件加工后，对照质量检测表（表 2-1-9）与实操的技术要点，在“学生自测”栏内填写“工件质量”栏中“检测项目”的自测结果，本组质检员进行抽测，其余项目由教师负责检测和评分。

表 2-1-9　手轮质量检测表

<table>
<tr><th>分类</th><th>序号</th><th>检测项目</th><th>检测内容</th><th>配分</th><th>学生自测</th><th>教师检测</th><th>得分</th></tr>
<tr><td rowspan="7">工件质量</td><td>1</td><td>外径</td><td>ϕ8 mm，ϕ10 mm</td><td>10</td><td></td><td></td><td></td></tr>
<tr><td>2</td><td>外径</td><td>ϕ3 mm N6</td><td>10</td><td></td><td></td><td></td></tr>
<tr><td>3</td><td>槽</td><td>1 mm×0. 2 mm</td><td>10</td><td></td><td></td><td></td></tr>
<tr><td>4</td><td>长度</td><td>35 mm，5 mm，27 mm</td><td>10</td><td></td><td></td><td></td></tr>
<tr><td>5</td><td rowspan="2">表面粗糙度</td><td rowspan="2">Ra6. 3</td><td rowspan="2">10</td><td rowspan="2"></td><td rowspan="2"></td><td rowspan="2"></td></tr>
<tr><td>6</td></tr>
<tr><td>7</td><td>零件外形</td><td>零件整体外形</td><td>10</td><td></td><td></td><td></td></tr>
<tr><th>分类</th><th>序号</th><th colspan="2">考核内容</th><th>配分</th><th colspan="2">说明</th><th>得分</th></tr>
<tr><td rowspan="2">加工工艺</td><td>1</td><td colspan="2">加工工艺方案的填写</td><td>5</td><td colspan="2">加工工艺是否合理、高效</td><td></td></tr>
<tr><td>2</td><td colspan="2">刀具与切削用量选择合理</td><td>5</td><td colspan="2">刀具与切削用量 1 个不合理处扣 1 分</td><td></td></tr>
<tr><td rowspan="3">现场操作规范</td><td>1</td><td colspan="2">安全操作</td><td>10</td><td colspan="2">违反 1 条操作规程扣 5 分</td><td></td></tr>
<tr><td>2</td><td colspan="2">工量具的正确使用及摆放</td><td>10</td><td colspan="2">工量具使用不规范或错误 1 处扣 2 分</td><td></td></tr>
<tr><td>3</td><td colspan="2">设备的正确操作和维护保养</td><td>10</td><td colspan="2">违反 1 条维护保养规程扣 2 分</td><td></td></tr>
<tr><td colspan="8">评分标准：尺寸和形状、位置精度按照 IT14，精度超差时扣该项目全部分，粗糙度降级，该项目不得分</td></tr>
<tr><td>评分人</td><td colspan="2"></td><td>时间</td><td colspan="2"></td><td>总得分</td><td></td></tr>
</table>

2. 成果分享。

由各小组对其工艺规程、加工零件进行分享及问题解答。针对问题，教师及时进行现场指导与分析。

小组工作：小组分工，及时记录问题及解决方案，分享新收获，记录要突出要点，以便提升总结能力。

任务四　衔铁块的加工

（一）课前准备

1. 按照工作计划完成线上学习任务。

（1）从网络课程接受任务，通过查询互联网、查阅图书馆资料等途径收集、分析有关信息，然后分组进行衔铁块（图 2-1-5）的工艺分析。

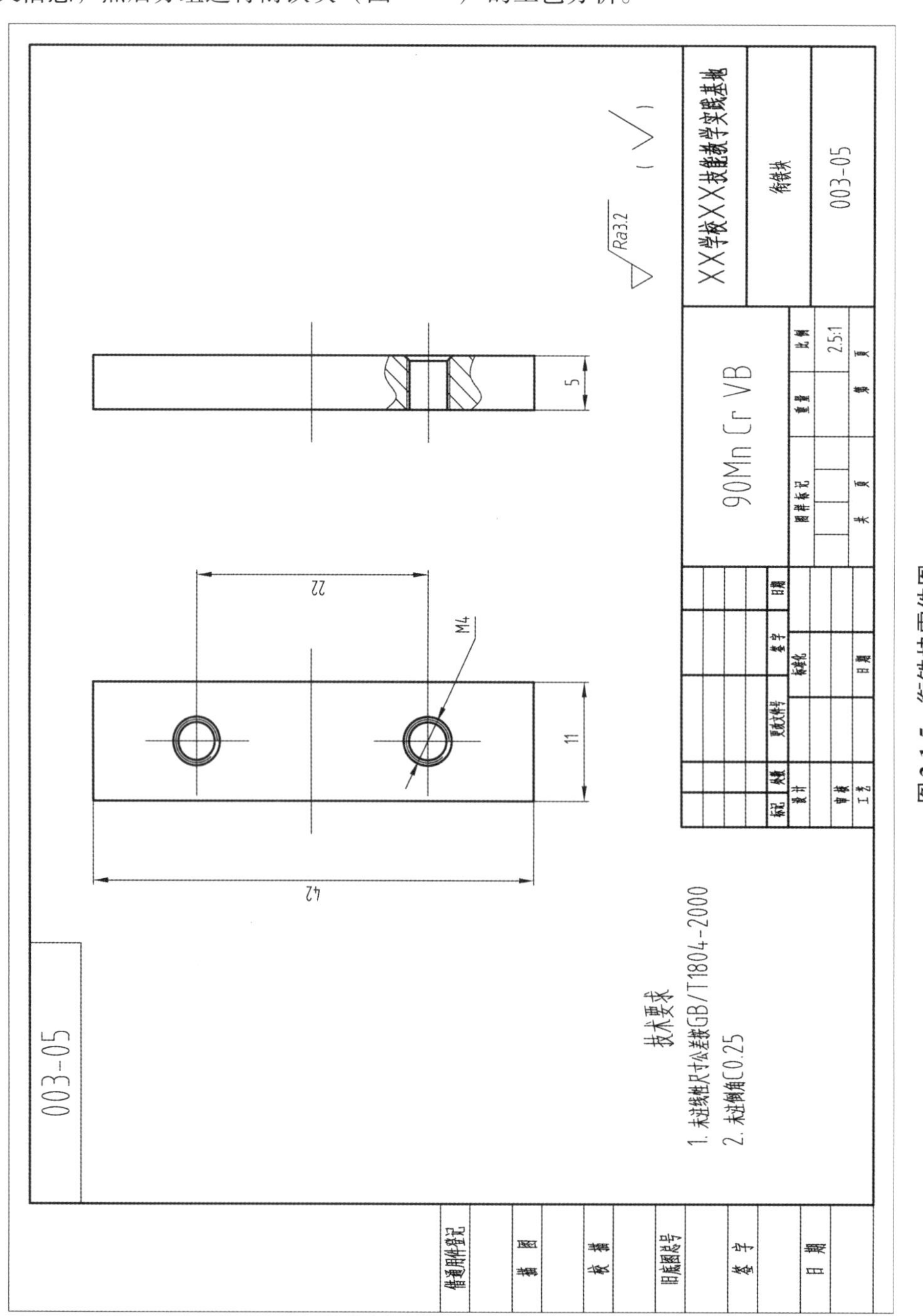

图 2-1-5　衔铁块零件图

（2）在网络讨论组内进行成果分享、交流与讨论。

2. 做好工作准备。

（1）量具：电子数显游标卡尺、钢直尺各 1 把。

（2）材料：90MnCr VB，毛坯尺寸 13 mm×7 mm×44 mm（2 个）。

（3）工具：锯弓、什锦锉、铣刀、ϕ3. 4 mm 钻头、90°锪钻、M4 丝锥。

3. 任务引导。

（1）根据现有设备和精度要求制订合适的加工方案。

（2）铣削时切削用量的选择；如何操作以保证平面的尺寸和粗糙度？

（3）如何安排孔的加工，以保证钻孔的位置要求和装配要求？

（二）计划分工

1. 小组分工。

每 4~5 人为一小组，按角色分工配合完成任务。具体分工见表 2-1-10。

表 2-1-10 小组分工

小组信息	班级名称			日期	
	小组名称			组长姓名	
	岗位分工	汇报员	记录员	技术员	质检员
	成员姓名				

说明：组长负责组织协调工作，汇报员负责分享信息并进行项目讲解，质检员负责计时和录像，记录员负责记录工作过程和填写表格，技术员负责项目的操作实施。

2. 制订工作计划。

编制工艺过程卡（表 2-1-11）时应查找《机床参数表》《机床使用说明书》《切削用量手册》《刀具手册》《机械加工工艺手册》等。

表 2-1-11　工艺过程卡

××学校××技能教学实践基地	机械加工工艺过程卡片		产品型号	迷你型	零件图号	003-05		
			产品名称	平口钳	零件名称	衔铁块	共　页	第　页
材料牌号	90MnCr VB	毛坯种类：锻件	毛坯外形尺寸：13 mm×7 mm×44 mm		每毛坯件数：2	每台件数：1	备注	
工序号	工序名称	工序内容	车间	工段	设备	工艺装备	工时 准终	工时 单件
0	毛坯	下料 13 mm×7 mm×44 mm			锯床	钢直尺		
1	铣	铣削六面至 11 mm×5 mm×42 mm			普铣	机用平口钳、端铣刀、游标卡尺		
2	划线	划线、冲眼			钳工台	高度游标卡尺、锤子、瞄针		
3	钻	打中心孔，用 $\phi 3.4$ mm 麻花钻钻 1 个通孔，内孔倒角，另一个孔和钳口配合制作			普钻	中心钻、$\phi 3.4$ mm 麻花钻、90°锪钻		
4	攻丝	用 M4 丝锥攻丝一个孔，另一个和钳口配合制作			钳工台	M4 丝锥、游标卡尺		
5	去毛刺	去除全部毛刺			钳工台	锉刀		
6	检验	按图示要求检查			检验桌	外径千分尺、游标卡尺		
					设计（日期）	审核（日期）	标准化（日期）	会签（日期）
标记	处数	更改文件号	签字	日期	标记	处数	更改文件号	签字	日期

（三）操作注意事项

1. 上机床时穿好工作服、劳保鞋，戴好防护镜、工作帽。

2. 钻床、铣床的操作规范和注意事项。

3. 铣削时小零件的装夹、尺寸和粗糙度的保证；注意粗精/加工和余量。

4. 钻孔中心距的控制和钳口的装配：先钻好一个孔并攻丝，另一个孔和钳口装配固定了一起钻孔并攻丝，保证装配不错位。

5. 攻丝注意不歪斜、不烂牙；注意倒角大小，用来埋螺钉头。

（四）操作实施

根据各小组制订的工艺规程进行操作加工。

要求：小组分工明确，全员参与，操作规范、安全。

（五）检查分享

1. 质量检测。

完成零件加工后，对照质量检测表（表 2-1-12）与实操的技术要点，在“学生自测”栏内填写“工件质量”栏中“检测项目”的自测结果，本组质检员进行抽测，其余项目由教师负责检测和评分。

表 2-1-12　衔铁块质量检测表

<table>
<tr><th>分类</th><th>序号</th><th>检测项目</th><th>检测内容</th><th>配分</th><th>学生自测</th><th>教师检测</th><th>得分</th></tr>
<tr><td rowspan="8">工件质量</td><td>1</td><td>螺纹孔</td><td>M4</td><td>10</td><td></td><td></td><td></td></tr>
<tr><td>2</td><td>中心距</td><td>22 mm</td><td>10</td><td></td><td></td><td></td></tr>
<tr><td>3</td><td>倒角</td><td>1 mm×45°</td><td>5</td><td></td><td></td><td></td></tr>
<tr><td>4</td><td>长度</td><td>42 mm</td><td>10</td><td></td><td></td><td></td></tr>
<tr><td>5</td><td>宽度</td><td>11 mm，5 mm</td><td>10</td><td></td><td></td><td></td></tr>
<tr><td>6</td><td rowspan="2">表面粗糙度</td><td>Ra1.6</td><td>5</td><td></td><td></td><td></td></tr>
<tr><td>7</td><td>Ra3.2</td><td>5</td><td></td><td></td><td></td></tr>
<tr><td>8</td><td>零件外形</td><td>零件整体外形</td><td>5</td><td></td><td></td><td></td></tr>
<tr><th>分类</th><th>序号</th><th colspan="2">考核内容</th><th>配分</th><th colspan="2">说明</th><th>得分</th></tr>
<tr><td rowspan="2">加工工艺</td><td>1</td><td colspan="2">加工工艺方案的填写</td><td>5</td><td colspan="2">加工工艺是否合理、高效</td><td></td></tr>
<tr><td>2</td><td colspan="2">刀具与切削用量选择合理</td><td>5</td><td colspan="2">刀具与切削用量 1 个不合理处扣 1 分</td><td></td></tr>
<tr><td rowspan="3">现场操作规范</td><td>1</td><td colspan="2">安全操作</td><td>10</td><td colspan="2">违反 1 条操作规程扣 5 分</td><td></td></tr>
<tr><td>2</td><td colspan="2">工量具的正确使用及摆放</td><td>10</td><td colspan="2">工量具使用不规范或错误 1 处扣 2 分</td><td></td></tr>
<tr><td>3</td><td colspan="2">设备的正确操作和维护保养</td><td>10</td><td colspan="2">违反 1 条维护保养规程扣 2 分</td><td></td></tr>
<tr><td colspan="8">评分标准：尺寸和形状、位置精度按照 IT14，精度超差时扣该项目全部分，粗糙度降级，该项目不得分</td></tr>
<tr><td>评分人</td><td colspan="2"></td><td>时间</td><td colspan="2"></td><td>总得分</td><td></td></tr>
</table>

2. 成果分享。

由各小组对其工艺规程、加工零件进行分享及问题解答。针对问题，教师及时进行现场指导与分析。

小组工作：小组分工，及时记录问题及解决方案，分享新收获，记录要突出要点，以便提升总结能力。

任务五　连接板的加工

（一）课前准备

1. 按照工作计划完成线上学习任务。

（1）从网络课程接受任务，通过查询互联网、查阅教科书、图书馆资料等途径收集、分析有关信息，然后分组进行连接板（图 2-1-6）的工艺分析。

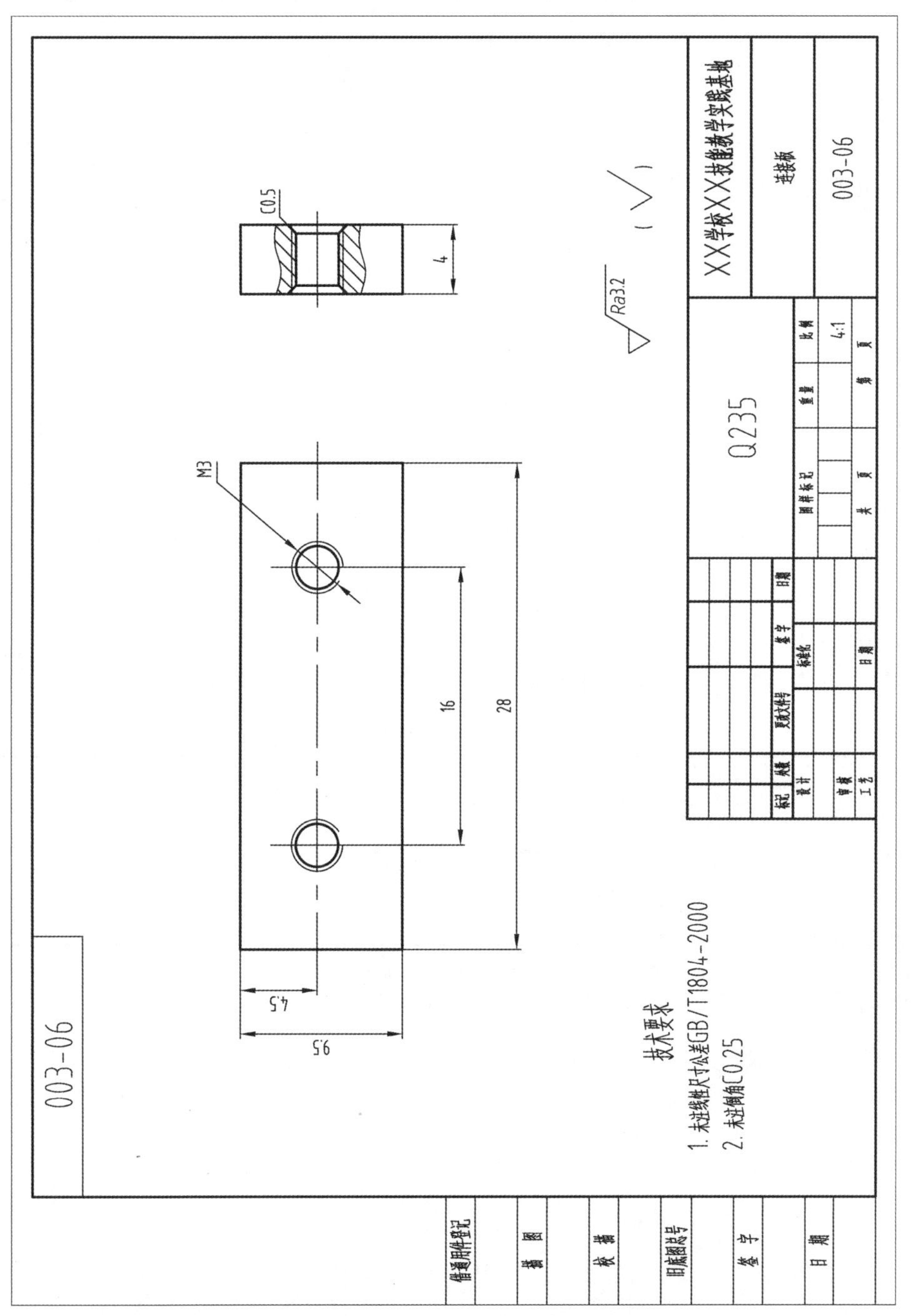

图 2-1-6　连接板零件图

（2）在网络讨论组内进行成果分享、交流与讨论。

2. 做好工作准备。

（1）量具：电子数显游标卡尺、钢直尺各 1 把。

（2）材料：Q235，毛坯尺寸 12 mm×7 mm×32 mm（2 个）。

（3）工具：ϕ2. 5 mm 钻头、锯弓、什锦锉、铣刀、锪孔钻、M3 丝锥。

3. 任务引导。

（1）根据现有设备和精度要求制订合适的加工方案。

（2）如何正确钻孔、锪孔？

（3）怎样安排孔的加工保证与活动钳口的装配？

（二）计划分工

1. 小组分工。

每 4~5 人为一小组，按角色分工配合完成任务。具体分工见表 2-1-13。

表 2-1-13　小组分工

小组信息	班级名称			日期	
	小组名称			组长姓名	
	岗位分工	汇报员	记录员	技术员	质检员
	成员姓名				

说明：组长负责组织协调工作，汇报员负责分享信息并进行项目讲解，质检员负责计时和录像，记录员负责记录工作过程和填写表格，技术员负责项目的操作实施。

2. 制订工作计划。

编制工艺过程卡（表 2-1-14）时应查找《机床参数表》《机床使用说明书》《切削用量手册》《刀具手册》《机械加工工艺手册》等。

表 2-1-14 工艺过程卡

<table>
<tr><td rowspan="2">××学校××技能
教学实践基地</td><td colspan="3" rowspan="2">机械加工工艺过程卡片</td><td>产品型号</td><td>迷你型</td><td>零件图号</td><td>003-06</td><td colspan="2"></td></tr>
<tr><td>产品名称</td><td>平口钳</td><td>零件名称</td><td>连接板</td><td>共 页</td><td>第 页</td></tr>
<tr><td>材料牌号</td><td>Q235</td><td>毛坯种类</td><td>板料</td><td>毛坯外形尺寸</td><td>12 mm×7 mm×32 mm</td><td>每毛坯件数</td><td>2</td><td>每台件数</td><td>2</td><td>备注</td><td></td></tr>
<tr><td rowspan="2">工序号</td><td rowspan="2">工序名称</td><td rowspan="2">工序内容</td><td rowspan="2">车间</td><td rowspan="2">工段</td><td rowspan="2">设备</td><td rowspan="2">工艺装备</td><td colspan="2">工时</td></tr>
<tr><td>准终</td><td>单件</td></tr>
<tr><td>0</td><td>毛坯</td><td>下料 12 mm×7 mm×32 mm</td><td></td><td></td><td>锯床</td><td>钢直尺</td><td></td><td></td></tr>
<tr><td>1</td><td>铣</td><td>铣削六面至 9. 5 mm×4 mm×28 mm</td><td></td><td></td><td>普铣</td><td>机用平口钳、端铣刀、游标卡尺</td><td></td><td></td></tr>
<tr><td>2</td><td>划线</td><td>同图 3-10 号活动钳口零件一起划线、打样、冲眼</td><td></td><td></td><td>钳工台</td><td>高度游标卡尺、锤子、瞄针</td><td></td><td></td></tr>
<tr><td>3</td><td>钻、攻</td><td>将 3-10 号活动钳口零件与本零件先用 ϕ2. 5 mm 的麻花钻钻头打一个通孔,然后倒角、攻丝,之后两件装配固定在一起,按前顺序钻孔、倒角、攻另一孔螺纹</td><td></td><td></td><td>普钻</td><td>中心钻、ϕ4 mm 麻花钻、90°锪钻</td><td></td><td></td></tr>
<tr><td>4</td><td>去毛刺</td><td>攻丝并去除全部毛刺</td><td></td><td></td><td>钳工台</td><td>M3 丝锥、锉刀</td><td></td><td></td></tr>
<tr><td>5</td><td>检验</td><td>按图示要求检查</td><td></td><td></td><td>检验桌</td><td>外径千分尺、游标卡尺</td><td></td><td></td></tr>
<tr><td></td><td></td><td></td><td></td><td></td><td></td><td></td><td></td><td></td></tr>
<tr><td></td><td></td><td></td><td></td><td></td><td></td><td></td><td></td><td></td></tr>
</table>

<table>
<tr><td></td><td></td><td></td><td></td><td></td><td></td><td></td><td></td><td></td><td></td><td>设计(日期)</td><td>审核(日期)</td><td>标准化(日期)</td><td>会签(日期)</td><td></td><td></td></tr>
<tr><td>标记</td><td>处数</td><td>更改文件号</td><td>签字</td><td>日期</td><td>标记</td><td>处数</td><td>更改文件号</td><td>签字</td><td>日期</td><td></td><td></td><td></td><td></td><td></td><td></td></tr>
</table>

（三）操作注意事项

1. 上机床时穿好工作服、劳保鞋，戴好防护镜、工作帽。
2. 钻床、铣床的操作规范和注意事项。
3. 铣削小零件的装夹。
4. 两件同时钻孔时的固定、装夹和钻孔。

（四）操作实施

根据各小组制订的工艺规程进行操作加工。

要求：小组分工明确，全员参与，操作规范、安全。

（五）检查分享

1. 质量检测。

完成零件加工后，对照质量检测表（表 2-1-15）与实操的技术要点，在“学生自测”栏内填写“工件质量”栏中“检测项目”的自测结果，本组质检员进行抽测，其余项目由教师负责检测和评分。

表 2-1-15　连接板质量检测表

<table>
<tr><th>分类</th><th>序号</th><th>检测项目</th><th>检测内容</th><th>配分</th><th>学生自测</th><th>教师检测</th><th>得分</th></tr>
<tr><td rowspan="8">工件质量</td><td>1</td><td>螺孔</td><td>M3</td><td>10</td><td></td><td></td><td></td></tr>
<tr><td>2</td><td>位置尺寸</td><td>22 mm，6 mm</td><td>10</td><td></td><td></td><td></td></tr>
<tr><td>3</td><td>宽度</td><td>9.5 mm，4.5 mm</td><td>10</td><td></td><td></td><td></td></tr>
<tr><td>4</td><td>长度</td><td>28 mm</td><td>10</td><td></td><td></td><td></td></tr>
<tr><td>5</td><td>厚度</td><td>t4</td><td>5</td><td></td><td></td><td></td></tr>
<tr><td>6</td><td rowspan="2">表面粗糙度</td><td rowspan="2">Ra3.2</td><td rowspan="2">10</td><td rowspan="2"></td><td rowspan="2"></td><td rowspan="2"></td></tr>
<tr><td>7</td></tr>
<tr><td>8</td><td>零件外形</td><td>零件整体外形</td><td>10</td><td></td><td></td><td></td></tr>
<tr><th>分类</th><th>序号</th><th colspan="2">考核内容</th><th>配分</th><th colspan="2">说明</th><th>得分</th></tr>
<tr><td rowspan="2">加工工艺</td><td>1</td><td colspan="2">加工工艺方案的填写</td><td>5</td><td colspan="2">加工工艺是否合理、高效</td><td></td></tr>
<tr><td>2</td><td colspan="2">刀具与切削用量选择合理</td><td>5</td><td colspan="2">刀具与切削用量 1 个不合理处扣 1 分</td><td></td></tr>
<tr><td rowspan="3">现场操作规范</td><td>1</td><td colspan="2">安全操作</td><td>10</td><td colspan="2">违反 1 条操作规程扣 5 分</td><td></td></tr>
<tr><td>2</td><td colspan="2">工量具的正确使用及摆放</td><td>10</td><td colspan="2">工量具使用不规范或错误 1 处扣 2 分</td><td></td></tr>
<tr><td>3</td><td colspan="2">设备的正确操作和维护保养</td><td>10</td><td colspan="2">违反 1 条维护保养规程扣 2 分</td><td></td></tr>
<tr><td colspan="8">评分标准：尺寸和形状、位置精度按照 IT14，精度超差时扣该项目全部分，粗糙度降级，该项目不得分</td></tr>
<tr><td>评分人</td><td colspan="2"></td><td>时间</td><td colspan="2"></td><td>总得分</td><td></td></tr>
</table>

2. 成果分享。

由各小组对其工艺规程、加工零件进行分享及问题解答。针对问题，教师及时进行现场指导与分析。

小组工作：小组分工，及时记录问题及解决方案，分享新收获，记录要突出要点，以便提升总结能力。

任务六　盖板的加工

（一）课前准备

1. 按照工作计划完成线上学习任务。

（1）从网络课程接受任务，通过查询互联网、查阅图书馆资料等途径收集、分析有关信息，然后分组进行盖板（图 2-1-7）的工艺分析。

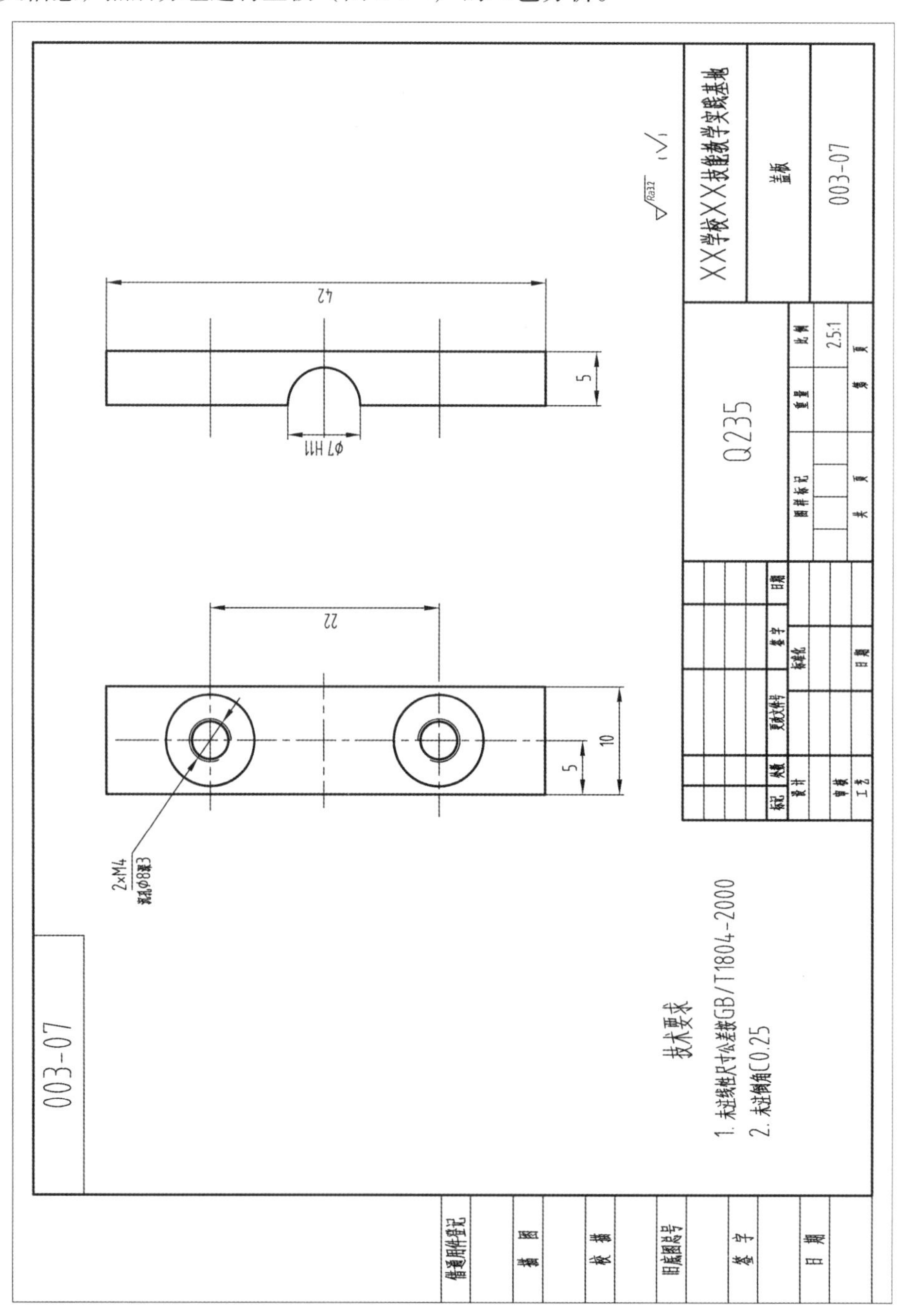

图 2-1-7　盖板零件图

（2）在网络讨论组内进行成果分享、交流与讨论。

2. 做好工作准备。

（1）量具：电子数显游标卡尺、R 规、钢直尺。

（2）材料：Q235，尺寸为 12 mm×7 mm×44 mm。

（3）工具：锯弓、划针、样冲、榔头、什锦锉、中心钻、ϕ3.4 mm 麻花钻、90°锪钻、M4 丝锥。

3. 任务引导。

（1）根据现有设备和精度要求选择合适的加工方案。

（2）制订正确的加工工艺方案。

（3）半个孔要求 H7 的精度该如何加工？

（二）计划分工

1. 小组分工。

每 4~5 人为一小组，按角色分工配合完成任务。具体分工见表 2-1-16。

表 2-1-16 小组分工

<table>
<tr><td rowspan="4">小组信息</td><td>班级名称</td><td colspan="2"></td><td>日期</td><td></td></tr>
<tr><td>小组名称</td><td colspan="2"></td><td>组长姓名</td><td></td></tr>
<tr><td>岗位分工</td><td>汇报员</td><td>记录员</td><td>技术员</td><td>质检员</td></tr>
<tr><td>成员姓名</td><td></td><td></td><td></td><td></td></tr>
</table>

说明：组长负责组织协调工作，汇报员负责分享信息并进行项目讲解，质检员负责计时和录像，记录员负责记录工作过程和填写表格，技术员负责项目的操作实施。

2. 制订工作计划

编制工艺过程卡（表 2-1-17）时应查找《机床参数表》《机床使用说明书》《切削用量手册》《刀具手册》《机械加工工艺手册》等。

表 2-1-17　工艺过程卡

<table>
<tr><td colspan="2" rowspan="2">××学校××技能
教学实践基地</td><td colspan="3" rowspan="2">机械加工工艺过程卡片</td><td>产品型号</td><td>迷你型</td><td>零件图号</td><td>003-07</td><td colspan="3"></td></tr>
<tr><td>产品名称</td><td>平口钳</td><td>零件名称</td><td>盖板</td><td>共　页</td><td colspan="2">第　页</td></tr>
<tr><td colspan="2">材料牌号</td><td>Q235</td><td>毛坯种类</td><td>锻件</td><td>毛坯外形尺寸</td><td>12 mm×7 mm×44 mm</td><td>每毛坯件数</td><td>2</td><td>每台件数</td><td>2</td><td>备注</td></tr>
<tr><td rowspan="2">工序号</td><td rowspan="2">工序名称</td><td rowspan="2">工序内容</td><td rowspan="2">车间</td><td rowspan="2">工段</td><td rowspan="2">设备</td><td rowspan="2" colspan="4">工艺装备</td><td colspan="2">工时</td></tr>
<tr><td>准终</td><td>单件</td></tr>
<tr><td>0</td><td>毛坯</td><td>下料 12 mm×7 mm×44 mm</td><td></td><td></td><td>锯床</td><td colspan="4">钢直尺</td><td></td><td></td></tr>
<tr><td>1</td><td>铣工</td><td>铣削六面至 10 mm×5 mm×42 mm</td><td></td><td></td><td>普铣</td><td colspan="4">机用平口钳、端铣刀、游标卡尺</td><td></td><td></td></tr>
<tr><td>2</td><td>划线</td><td>和固定钳口一起划线、冲眼</td><td></td><td></td><td>钳工台</td><td colspan="4">高度游标卡尺、锤子、瞄针</td><td></td><td></td></tr>
<tr><td>3</td><td>钻攻</td><td>打中心孔，用 ϕ3.4 mm 麻花钻钻一个通孔，用 ϕ8 锪钻锪沉孔；ϕ7 mm H11 的半孔和固定钳口配合钻铰</td><td></td><td></td><td>普钻</td><td colspan="4">中心钻、ϕ3.4 mm 麻花钻、ϕ8 锪钻</td><td></td><td></td></tr>
<tr><td>4</td><td>攻丝</td><td>用 M4 丝锥攻丝，另一个和固定钳口配做钻孔后再攻丝。之后两者装配好用 ϕ6.8 mm 钻头钻孔，后铰 ϕ7 mm H11 的孔</td><td></td><td></td><td>钳工台</td><td colspan="4">M4 丝锥、ϕ7 mm H11 mm 铰刀、游标卡尺</td><td></td><td></td></tr>
<tr><td>5</td><td>去毛刺</td><td>去除全部毛刺</td><td></td><td></td><td>钳工台</td><td colspan="4">锉刀</td><td></td><td></td></tr>
<tr><td>6</td><td>检验</td><td>按图示要求检查</td><td></td><td></td><td>检验桌</td><td colspan="4">外径千分尺、游标卡尺</td><td></td><td></td></tr>
<tr><td></td><td></td><td></td><td></td><td></td><td></td><td colspan="4"></td><td></td><td></td></tr>
<tr><td colspan="5"></td><td>设计（日期）</td><td>审核（日期）</td><td>标准化（日期）</td><td>会签（日期）</td><td colspan="3"></td></tr>
<tr><td colspan="5">标记　处数　更改文件号　签字　日期　标记　处数　更改文件号　签字　日期</td><td></td><td></td><td></td><td></td><td colspan="3"></td></tr>
</table>

（三）操作注意事项

1. 上机床时穿好工作服、劳保鞋，戴好防护镜、工作帽。

2. 钻床、铣床的操作规范和注意事项。

3. 配合做孔的装夹、固定和钻、铰、攻丝。

（四）操作实施

根据各小组制订的工艺规程，进行操作加工。

要求：小组分工明确，全员参与，操作规范、安全。

（五）检查分享

1. 质量检测。

完成零件加工后，对照质量检测表（表 2-1-18）与实操的技术要点，在“学生自测”栏内填写“工件质量”栏中“检测项目”的自测结果，本组质检员进行抽测，其余项目由教师负责检测和评分表。

表 2-1-18　盖板质量检测表

<table>
<tr><th>分类</th><th>序号</th><th>检测项目</th><th>检测内容</th><th>配分</th><th>学生自测</th><th>教师检测</th><th>得分</th></tr>
<tr><td rowspan="8">工件质量</td><td>1</td><td>孔</td><td>ϕ7 mm H11</td><td>10</td><td></td><td></td><td></td></tr>
<tr><td>2</td><td>沉孔</td><td>ϕ8 mm H3</td><td>10</td><td></td><td></td><td></td></tr>
<tr><td>3</td><td>孔位置</td><td>22 mm，5 mm</td><td>10</td><td></td><td></td><td></td></tr>
<tr><td>4</td><td>长度</td><td>42 mm</td><td>10</td><td></td><td></td><td></td></tr>
<tr><td>5</td><td>宽度</td><td>10 mm，5 mm</td><td>10</td><td></td><td></td><td></td></tr>
<tr><td>6</td><td rowspan="2">表面粗糙度</td><td>2×M4</td><td>5</td><td></td><td></td><td></td></tr>
<tr><td>7</td><td>Ra3. 2</td><td>5</td><td></td><td></td><td></td></tr>
<tr><td>8</td><td>零件外形</td><td>零件整体外形</td><td>10</td><td></td><td></td><td></td></tr>
<tr><th>分类</th><th>序号</th><th colspan="2">考核内容</th><th>配分</th><th colspan="2">说明</th><th>得分</th></tr>
<tr><td rowspan="2">加工工艺</td><td>1</td><td colspan="2">加工工艺方案的填写</td><td>5</td><td colspan="2">加工工艺是否合理、高效。</td><td></td></tr>
<tr><td>2</td><td colspan="2">刀具与切削用量选择合理</td><td>5</td><td colspan="2">刀具与切削用量 1 个不合理处扣 1 分</td><td></td></tr>
<tr><td rowspan="3">现场操作规范</td><td>1</td><td colspan="2">安全操作</td><td>10</td><td colspan="2">违反 1 条操作规程扣 5 分</td><td></td></tr>
<tr><td>2</td><td colspan="2">工量具的正确使用及摆放</td><td>10</td><td colspan="2">工量具使用不规范或错误 1 处扣 2 分</td><td></td></tr>
<tr><td>3</td><td colspan="2">设备的正确操作和维护保养</td><td>10</td><td colspan="2">违反 1 条维护保养规程扣 2 分</td><td></td></tr>
<tr><td colspan="8">评分标准：尺寸和形状、位置精度按照 IT14，精度超差时扣该项目全部分，粗糙度降级，该项目不得分</td></tr>
<tr><td>评分人</td><td colspan="2"></td><td>时间</td><td colspan="2"></td><td>总得分</td><td></td></tr>
</table>

2. 成果分享。

由各小组对其工艺规程、加工零件进行分享及问题解答。针对问题，教师及时进行现场指导与分析。

小组工作：小组分工，及时记录问题及解决方案，分享新收获，记录要突出要点，以便提升总结能力。

任务七 螺杆的加工

（一）课前准备

1. 按照工作计划完成线上学习任务。

（1）从网络课程接受任务，通过查询互联网、查阅图书馆资料等途径收集、分析有关信息，然后分组进行螺杆（图 2-1-8）的工艺分析。

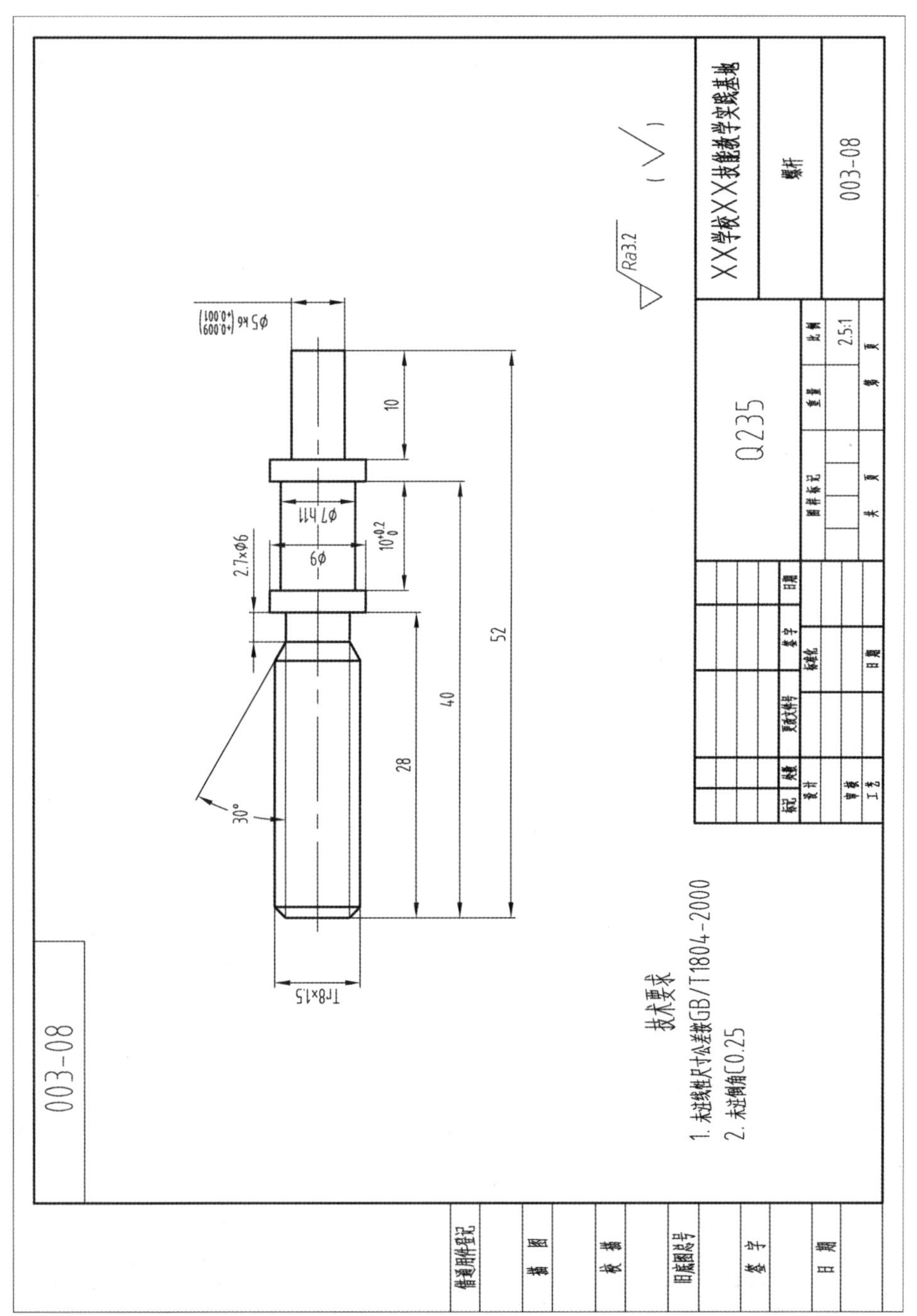

图 2-1-8 螺杆零件图

（2）在网络讨论组内进行成果分享、交流与讨论。

2. 做好工作准备。

（1）量具：电子数显游标卡尺、钢直尺、千分尺各 1 把。

（2）材料：Q235，毛坯尺寸 ϕ10 mm×60 mm。

（3）工具：45°端面刀、90°外圆刀、切槽刀、锯弓、M8 板牙、什锦锉。

3. 任务引导。

（1）根据现有设备和精度要求选择加工方案。

（2）如何在车床上加工细长轴？需要注意哪些问题？

（3）宽槽如何保证槽底尺寸和粗糙度精度要求？

（4）如何套丝操作，保证细长螺杆不弯扭歪斜？

（二）计划分工

1. 小组分工。

每 4~5 人为一小组，按角色分工配合完成任务。具体分工见表 2-1-19。

表 2-1-19　小组分工

小组信息	班级名称			日期	
	小组名称			组长姓名	
	岗位分工	汇报员	记录员	技术员	质检员
	成员姓名				

说明：组长负责组织协调工作，汇报员负责分享信息并进行项目讲解，质检员负责计时和录像，记录员负责记录工作过程和填写表格，技术员负责项目的操作实施。

2. 制订工作计划。

编制工艺过程卡（表 2-1-20）时应查找《机床参数表》《机床使用说明书》《切削用量手册》《刀具手册》《机械加工工艺手册》等。

表 2-1-20　工艺过程卡

<table>
<tr><td rowspan="2">××学校××技能
教学实践基地</td><td rowspan="2">机械加工工艺过程卡片</td><td>产品型号</td><td>迷你型</td><td>零件图号</td><td>003-08</td><td colspan="2"></td></tr>
<tr><td>产品名称</td><td>平口钳</td><td>零件名称</td><td>螺杆</td><td>共　页</td><td>第　页</td></tr>
</table>

材料牌号	Q235	毛坯种类	锻件	毛坯外形尺寸	ϕ10 mm×60 mm	每毛坯件数	1	每台件数	1	备注	

<table>
<tr><td rowspan="2">工序号</td><td rowspan="2">工序名称</td><td rowspan="2">工序内容</td><td rowspan="2">车间</td><td rowspan="2">工段</td><td rowspan="2">设备</td><td rowspan="2">工艺装备</td><td colspan="2">工时</td></tr>
<tr><td>准终</td><td>单件</td></tr>
<tr><td>0</td><td>毛坯</td><td>下料 ϕ10 mm×60 mm</td><td></td><td></td><td>锯床</td><td>钢直尺</td><td></td><td></td></tr>
<tr><td>1</td><td>车工</td><td>车削左端面</td><td></td><td></td><td>数车</td><td>45°弯头车刀、外径千分尺、游标卡尺</td><td></td><td></td></tr>
<tr><td>2</td><td>车工</td><td>车削外圆 ϕ8 mm×28 mm</td><td></td><td></td><td>数车</td><td>45°弯头车刀、90°外圆车刀、外径千分尺、游标卡尺</td><td></td><td></td></tr>
<tr><td>3</td><td>车工</td><td>车削 ϕ6 mm 槽和 30°角度</td><td></td><td></td><td>数车</td><td>55°外圆尖刀、外径千分尺、游标卡尺</td><td></td><td></td></tr>
<tr><td>4</td><td>车工</td><td>调头车削右半部分，保证总长在 52 mm 和 ϕ9 mm，切宽槽 ϕ7 mm H11 尺寸</td><td></td><td></td><td>数车</td><td>45°弯头车刀、90°外圆车刀、切槽刀、外径千分尺、游标卡尺</td><td></td><td></td></tr>
<tr><td>5</td><td>铣工</td><td>铣 5 mm×5 mm 四方</td><td></td><td></td><td>普铣</td><td>ϕ6 mm 铣刀</td><td></td><td></td></tr>
<tr><td>6</td><td>板牙</td><td>用 M8 板牙套丝</td><td></td><td></td><td>普车</td><td>M8 板牙</td><td></td><td></td></tr>
<tr><td>7</td><td>去毛刺</td><td>去除全部毛刺</td><td></td><td></td><td>钳工台</td><td>锉刀</td><td></td><td></td></tr>
<tr><td>8</td><td>检验</td><td>按图示要求检查</td><td></td><td></td><td>检验桌</td><td>外径千分尺、游标卡尺</td><td></td><td></td></tr>
</table>

<table>
<tr><td></td><td></td><td></td><td></td><td></td><td></td><td></td><td></td><td></td><td></td><td>设计(日期)</td><td>审核(日期)</td><td>标准化(日期)</td><td>会签(日期)</td><td></td></tr>
<tr><td>标记</td><td>处数</td><td>更改文件号</td><td>签字</td><td>日期</td><td>标记</td><td>处数</td><td>更改文件号</td><td>签字</td><td>日期</td><td></td><td></td><td></td><td></td><td></td></tr>
</table>

（三）操作注意事项

1. 上机床时穿好工作服、劳保鞋，戴好防护镜、工作帽。
2. 钻床、铣床的操作规范和注意事项。
3. 细长轴的尺寸和形位公差保证。
4. 宽槽的槽底加工保证精度。
5. 用板牙操作注意事项。

（四）操作实施

根据各小组制订的工艺规程进行操作加工。

要求：小组分工明确，全员参与，操作规范、安全。

（五）检查分享

1. 质量检测。

完成零件加工后，对照质量检测表（表 2-1-21）与实操的技术要点，在“学生自测”栏内填写“工件质量”栏中“检测项目”的自测结果，本组质检员进行抽测，其余项目由教师负责检测和评分。

表 2-1-21　螺杆质量检测表

分类	序号	检测项目	检测内容	配分	学生自测	教师检测	得分
工件质量	1	螺纹	M8-LH	10			
	2	槽径	ϕ7 mm H11	10			
	2	槽宽	$10.1^{+0.2}_{0}$	10			
	3	倒角	1 mm×45°	5			
	4	长度	52 mm,40 mm,28 mm,10 mm	20			
	5	方头	□5K6	10			
	7	粗糙度	*Ra*3.2	5			
	8	零件外形	零件整体外形	5			
分类	序号	考核内容		配分	说明		得分
加工工艺	1	加工工艺方案的填写		5	加工工艺是否合理、高效		
	2	刀具与切削用量选择合理		5	刀具与切削用量 1 个不合理处扣 1 分		
现场操作规范	1	安全操作		5	违反 1 条操作规程扣 5 分		
	2	工量具的正确使用及摆放		5	工量具使用不规范或错误 1 处扣 2 分		
	3	设备的正确操作和维护保养		5	违反 1 条维护保养规程扣 2 分		
评分标准：尺寸和形状、位置精度按照 IT14，精度超差时扣该项目全部分，粗糙度降级，该项目不得分							
评分人		时间			总得分		

2. 成果分享。

由各小组对其工艺规程、加工零件进行分享及问题解答。针对问题，教师及时进行现场指导与分析。

小组工作：小组分工，及时记录问题及解决方案，分享新收获，记录要突出要点，以便提升总结能力。

任务八　活动螺母的加工

（一）课前准备

1. 按照工作计划完成线上学习任务。

（1）从网络课程接受任务，通过查询互联网、查阅图书馆资料等途径收集、分析有关信息，然后分组进行活动螺母（图 2-1-9）的工艺分析。

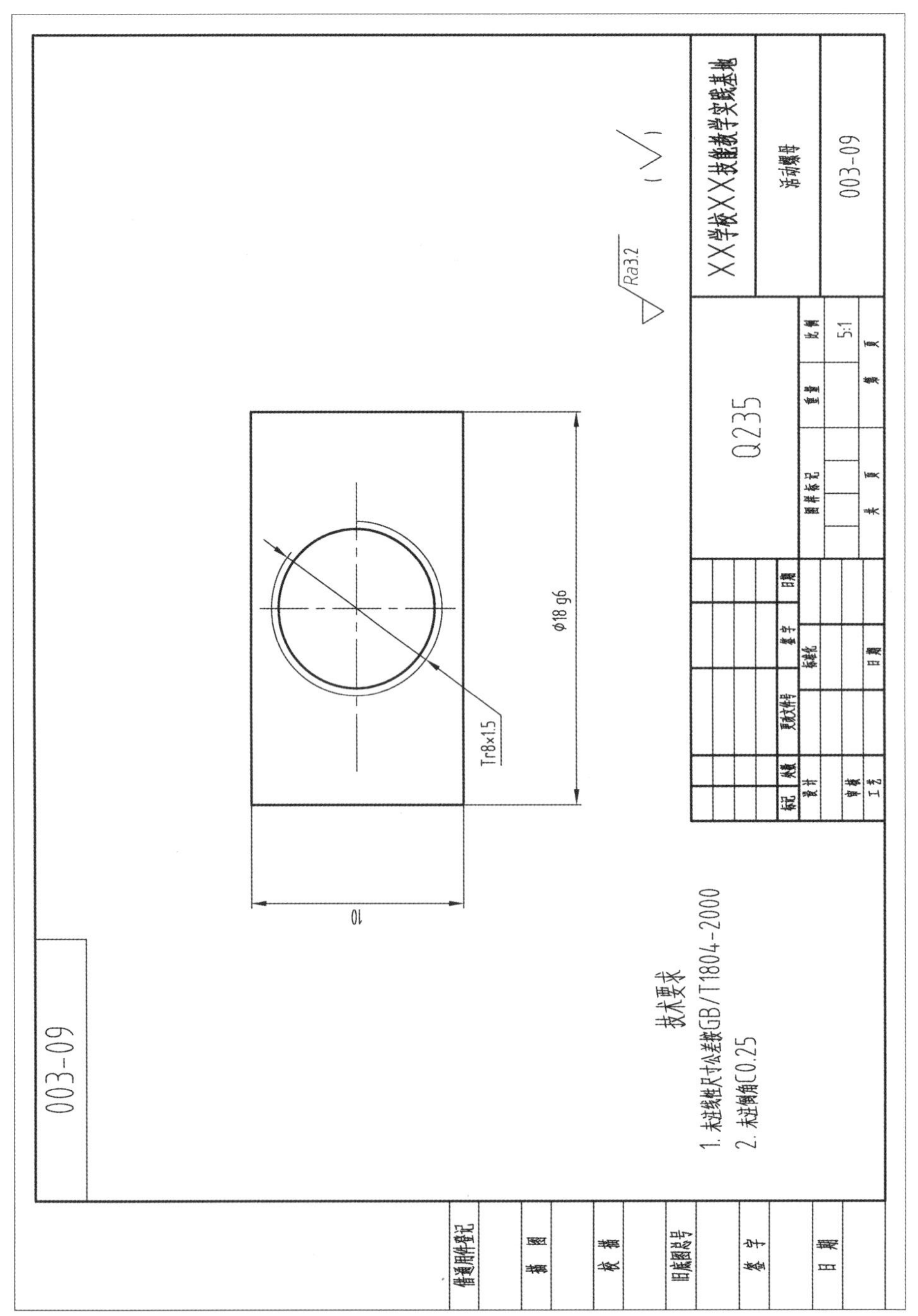

图 2-1-9　活动螺母零件图

（2）在网络讨论组内进行成果分享、交流与讨论。

2. 做好工作准备。

（1）量具：电子数显游标卡尺、外径千分尺、钢直尺各 1 把。

（2）材料：Q235，尺寸为 ϕ20 mm×20 mm。

（3）工具：45°端面刀、90°外圆刀、切槽刀、锯弓、钻头、丝锥、什锦锉。

3. 任务引导。

（1）根据现有设备和精度要求选择加工工艺方案。

（2）怎么保证两端面的粗糙度和平面度？

（3）如何正确配合划线、打孔、攻丝？

（二）计划分工

1. 小组分工。

每 4~5 人为一小组，按角色分工配合完成任务。具体分工见表 2-1-22。

表 2-1-22　小组分工

小组信息	班级名称			日期	
	小组名称			组长姓名	
	岗位分工	汇报员	记录员	技术员	质检员
	成员姓名				

说明：组长负责组织协调工作，汇报员负责分享信息并进行项目讲解，质检员负责计时和录像，记录员负责记录工作过程和填写表格，技术员负责项目的操作实施。

2. 制订工作计划。

编制工艺过程卡（表 2-1-23）时应查找《机床参数表》《机床使用说明书》《切削用量手册》《刀具手册》《机械加工工艺手册》等。

表 2-1-23　工艺过程卡

<table>
<tr><td colspan="2" rowspan="2">××学校××技能教学实践基地</td><td colspan="2" rowspan="2">机械加工工艺过程卡片</td><td>产品型号</td><td>迷你型</td><td>零件图号</td><td>003-09</td><td colspan="2"></td></tr>
<tr><td>产品名称</td><td>平口钳</td><td>零件名称</td><td>活动螺母</td><td>共　页</td><td>第　页</td></tr>
<tr><td>材料牌号</td><td>Q235</td><td>毛坯种类</td><td>锻件</td><td>毛坯外形尺寸</td><td>ϕ20 mm×20 mm</td><td>每毛坯件数</td><td>1</td><td>每台件数</td><td>1</td><td>备注</td><td></td></tr>
<tr><td rowspan="2">工序号</td><td rowspan="2">工序名称</td><td rowspan="2">工序内容</td><td rowspan="2">车间</td><td rowspan="2">工段</td><td rowspan="2">设备</td><td rowspan="2">工艺装备</td><td colspan="2">工时</td></tr>
<tr><td>准终</td><td>单件</td></tr>
<tr><td>0</td><td>毛坯</td><td>下料 ϕ20 mm×20 mm</td><td></td><td></td><td>锯床</td><td>钢直尺</td><td></td><td></td></tr>
<tr><td>1</td><td>车工</td><td>车削外圆至 ϕ18 mm×15 mm、切断、掉头光端面保证总长</td><td></td><td></td><td>普车</td><td>45°弯头车刀、外径千分尺、游标卡尺</td><td></td><td></td></tr>
<tr><td>2</td><td>划线</td><td>与图 3-10 活动钳口配合划线</td><td></td><td></td><td>钳工台</td><td>高度游标卡尺、锤子、瞄针</td><td></td><td></td></tr>
<tr><td>3</td><td>钻床</td><td>与图 3-10 活动钳口配合打孔</td><td></td><td></td><td>钻床</td><td>中心钻、ϕ7 mm 麻花钻、45°锪钻</td><td></td><td></td></tr>
<tr><td>4</td><td>攻丝</td><td>与图 3-10 活动钳口配合用 M8 丝锥攻丝</td><td></td><td></td><td>钳工台</td><td>M8 丝锥、游标卡尺</td><td></td><td></td></tr>
<tr><td>5</td><td>去毛刺</td><td>去除全部毛刺</td><td></td><td></td><td>钳工台</td><td>锉刀</td><td></td><td></td></tr>
<tr><td>6</td><td>检验</td><td>按图示要求检查</td><td></td><td></td><td>检验桌</td><td>外径千分尺、游标卡尺</td><td></td><td></td></tr>
<tr><td></td><td></td><td></td><td></td><td></td><td></td><td></td><td></td><td></td></tr>
</table>

<table>
<tr><td></td><td></td><td></td><td></td><td></td><td></td><td></td><td></td><td></td><td></td><td>设计（日期）</td><td>审核（日期）</td><td>标准化（日期）</td><td>会签（日期）</td><td></td><td></td></tr>
<tr><td>标记</td><td>处数</td><td>更改文件号</td><td>签字</td><td>日期</td><td>标记</td><td>处数</td><td>更改文件号</td><td>签字</td><td>日期</td><td></td><td></td><td></td><td></td><td></td><td></td></tr>
</table>

（三）操作注意事项

1. 上机床时穿好工作服、劳保鞋，戴好防护镜、工作帽。
2. 钻床、铣床的操作规范和注意事项。
3. 孔轴配合处划线的注意事项。
4. 配合打孔时的装夹和钻孔。
5. 配合攻丝的注意事项。

（四）操作实施

根据各小组制订的工艺规程进行操作加工。

要求：小组分工明确，全员参与，操作规范、安全。

（五）检查分享

1. 质量检测。

完成零件加工后，对照质量检测表（表 2-1-24）与实操的技术要点，在“学生自测”栏内填写“工件质量”栏中“检测项目”的自测结果，本组质检员进行抽测，其余项目由教师负责检测和评分。

表 2-1-24　活动螺母质量检测表

分类	序号	检测项目	检测内容	配分	学生自测	教师检测	得分
工件质量	1	螺纹	M8-LH	10			
	2	外径	ϕ18 mm G6	10			
	3	倒角	1 mm×45°	5			
	4	长度	10 mm	10			
	5	表面粗糙度	*Ra*1.6	5			
	6	零件外形	*Ra*3.2	5			
分类	序号	考核内容		配分	说明		得分
加工工艺	1	加工工艺方案的填写		5	加工工艺是否合理、高效。		
	2	刀具与切削用量选择合理		5	刀具与切削用量 1 个不合理处扣 1 分		
现场操作规范	1	安全操作		10	违反 1 条操作规程扣 5 分		
	2	工量具的正确使用及摆放		10	工量具使用不规范或错误 1 处扣 2 分		
	3	设备的正确操作和维护保养		10	违反 1 条维护保养规程扣 2 分		
评分标准：尺寸和形状、位置精度按照 IT14，精度超差时扣该项目全部分，粗糙度降级，该项目不得分							
评分人		时间			总得分		

2. 成果分享。

由各小组对其工艺规程、加工零件进行分享及问题解答。针对问题，教师及时进行现场指导与分析。

小组工作：小组分工，及时记录问题及解决方案，分享新收获，记录要突出要点，以便提升总结能力。

任务九　活动钳口的加工

（一）课前准备

1. 按照工作计划完成线上学习任务。

（1）从网络课程接受任务，通过查询互联网、查阅图书馆资料等途径收集、分析有关信息，然后分组进行活动钳口（图 2-1-10）的工艺分析。

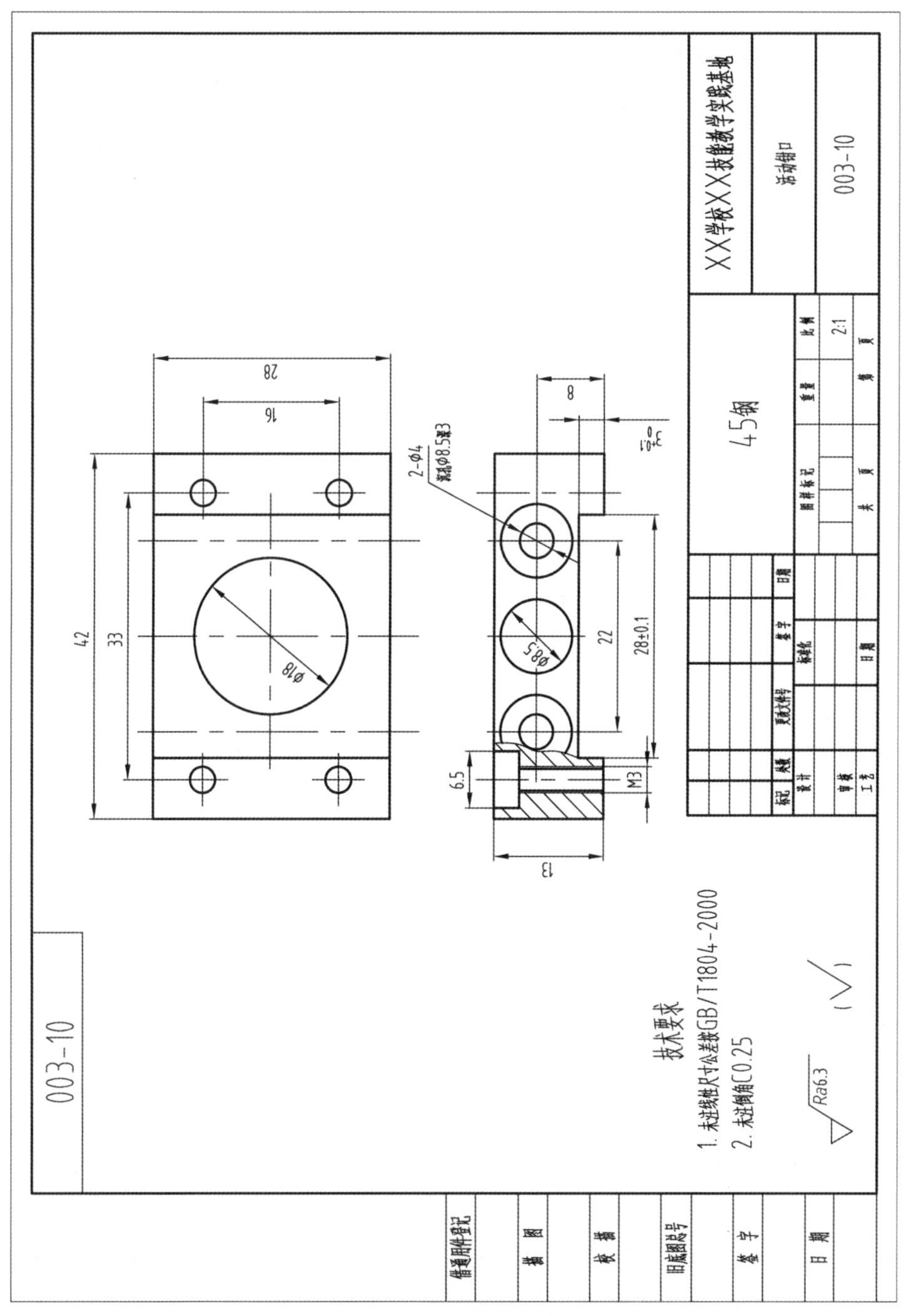

图 2-1-10　活动钳口零件图

（2）在网络讨论组内进行成果分享、交流与讨论。

2. 做好工作准备。

（1）量具：电子数显游标卡尺 1 把、千分尺、ϕ18 mm H8 量棒、钢直尺。

（2）材料：45 钢，毛坯尺寸为 44 mm×15 mm×30 mm。

（3）工具：45°端面刀，90°外圆刀，锯弓，中心钻，ϕ2. 5 mm、ϕ4 mm、ϕ4. 8 mm 麻花钻，ϕ8. 5 mm、ϕ6. 5 mm 锪钻、小方锉；圆规、划针、锯弓、中锉刀、ϕ2. 9 mm 麻花钻、ϕ3 mm 铰刀、小方锉。

3. 任务引导。

（1）根据现有设备和精度要求选择合适的加工方案。

（2）如何安排加工工艺？与多个零件装配，如何安排孔的加工顺序以保证装配正确方便？

（3）怎么加工 ϕ18 mm H8 的孔？

（4）铰孔操作规范和注意事项有哪些？

（二）计划分工

1. 小组分工。

每 4~5 人为一小组，按角色分工配合完成任务。具体分工见表 2-1-25。

表 2-1-25　小组分工

小组信息	班级名称			日期	
	小组名称			组长姓名	
	岗位分工	汇报员	记录员	技术员	质检员
	成员姓名				

说明：组长负责组织协调工作，汇报员负责分享信息并进行项目讲解，质检员负责计时和录像，记录员负责记录工作过程和填写表格，技术员负责项目的操作实施。

2. 制订工作计划。

编制工艺过程卡（表 2-1-26）时应查找《机床参数表》《机床使用说明书》《切削用量手册》《刀具手册》《机械加工工艺手册》等。

表 2-1-26　工艺过程卡

××学校××技能教学实践基地	机械加工工艺过程卡片	产品型号	迷你型	零件图号	003-10		
		产品名称	平口钳	零件名称	活动钳口	共　页	第　页

材料牌号	45 钢	毛坯种类	锻件	毛坯外形尺寸	40 mm×15 mm×30 mm	每毛坯件数	1	每台件数	1	备注	

工序号	工序名称	工序内容	车间	工段	设备	工艺装备	工时	
							准终	单件
0	毛坯	下料 44 mm×15 mm×30 mm			锯床	钢直尺		
1	铣工	铣削六面至 42 mm×13 mm×28 mm			普铣	机用平口钳、端铣刀、游标卡尺		
2	划线	铣削 28 mm×28 mm×3 mm 的直形通槽			普铣	机用平口钳、端铣刀、游标卡尺		
3	划线	划线、冲眼各部分孔			钳工台	高度游标卡尺、锤子、瞄针		
4	钻攻	打中心孔，用 ϕ2. 1 mm 麻花钻通孔，用 ϕ3. 4 mm 麻花钻通孔 2 个（另外的和 3-7 连接板配合钻孔攻丝），用丝锥攻丝（这部分见图纸的实际情况），铰孔			普钻	机用平口钳、中心钻、ϕ3 mm 麻花钻、45° 锪钻、丝锥，铰刀		
5	去毛刺	与 3-10 活动螺母配合打孔、攻丝			钳工台	机用平口钳、中心钻，ϕ6. 7 mm、ϕ8. 5 mm 麻花钻，45°锪钻、丝锥		
	检验	去毛刺，按图示要求检查			检验桌	锉刀、外径千分尺、游标卡尺		

										设计（日期）	审核（日期）	标准化（日期）	会签（日期）		
标记	处数	更改文件号	签字	日期	标记	处数	更改文件号	签字	日期						

（三）操作注意事项

1. 上机床时穿好工作服、劳保鞋，戴好防护镜、工作帽。

2. 钻床、铣床的操作规范和注意事项。

3. 铣削六面保证尺寸和位置要求。

4. 配合打孔时的装夹和钻孔。

5. 配合攻丝要注意。

（四）操作实施

根据各小组制订的工艺规程，进行操作加工。

要求：小组分工明确，全员参与，操作规范、安全。

（五）检查分享

1. 质量检测。

完成零件加工后，对照质量检测表（表 2-1-27）与实操的技术要点，在“学生自测”栏内填写“工件质量”栏中“检测项目”的自测结果，本组质检员进行抽测，其余项目由教师负责检测和评分。

表 2-1-27　活动钳口质量检测表

分类	序号	检测项目	检测内容	配分	学生自测	教师检测	得分
工件质量	1	螺纹孔	M3	5			
	2	孔	ϕ4 mm，ϕ8.5 mm，沉孔	5			
	3	中心距	22 mm，33 mm，16 mm	10			
	4	外形	42 mm，28 mm，13 mm	10			
	5	铰孔	ϕ18 mm H8	10			
	6	宽槽尺寸	28±0.1 3±0.1	10			
	7	表面粗糙度	*Ra*6.3	5			
	8	零件外形	零件整体外形	5			
分类	序号	考核内容		配分	说明		得分
加工工艺	1	加工工艺方案的填写		5	加工工艺是否合理、高效		
	2	刀具与切削用量选择合理		5	刀具与切削用量 1 个不合理处扣 1 分		
现场操作规范	1	安全操作		10	违反 1 条操作规程扣 5 分		
	2	工量具的正确使用及摆放		10	工量具使用不规范或错误 1 处扣 2 分		
	3	设备的正确操作和维护保养		10	违反 1 条维护保养规程扣 2 分		
评分标准：尺寸和形状、位置精度按照 IT14，精度超差时扣该项目全部分，粗糙度降级，该项目不得分							
评分人			时间		总得分		

2. 成果分享。

由各小组对其工艺规程、加工零件进行分享及问题解答。针对问题，教师及时进行现场指导与分析。

小组工作：小组分工，及时记录问题及解决方案，分享新收获，记录要突出要点，以便提升总结能力。

任务十　固定钳口的加工

（一）课前准备

1. 按照工作计划完成线上学习任务。

（1）从网络课程接受任务，通过查询互联网、查阅图书馆资料等途径收集、分析有关信息，然后分组进行固定钳口（图 2-1-11）的工艺分析。

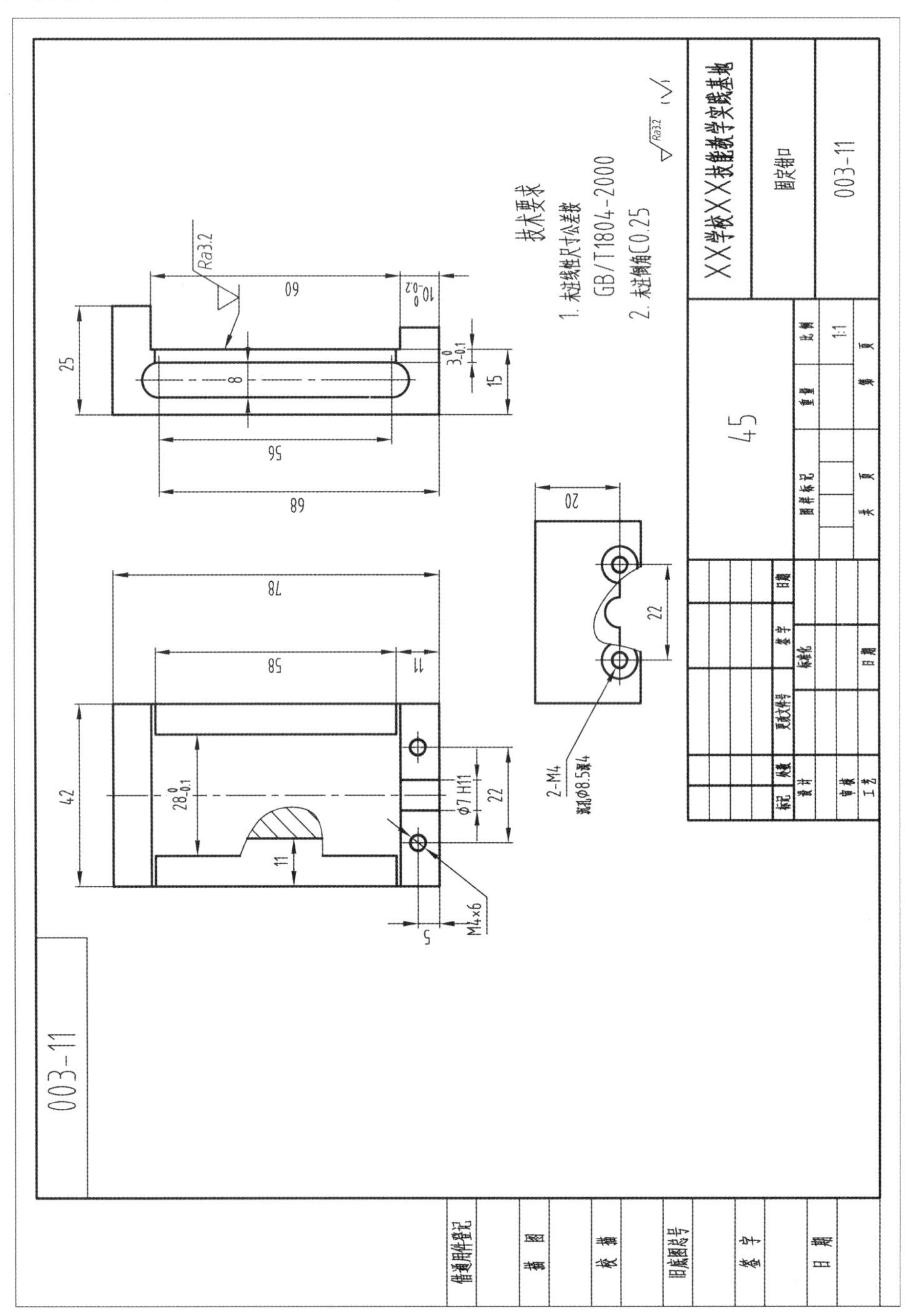

图 2-1-11　固定钳口零件图

（2）在网络讨论组内进行成果分享、交流与讨论。

2. 做好工作准备。

（1）量具：电子数显游标卡尺、钢直尺、刀口角尺各 1 把。

（2）材料：45 钢，毛坯尺寸下料 44 mm×80 mm×27 mm。

（3）工具：ϕ3. 2 mm、ϕ6. 8 mm 麻花钻，ϕ7 mm H11 铰刀，什锦锉，划针，样冲，面铣刀，ϕ12 mm 立铣刀，M4 丝锥。

3. 任务引导。

（1）根据现有设备和精度要求选择合适的加工工艺方案。

（2）编制正确的加工工艺。

（3）零件的对称性如何保证？

（4）两条对称的槽的加工位置如何保证？

（5）如何进行半个 ϕ7 mm H11 的孔的加工？

（二）计划分工

1. 小组分工。

每 4~5 人为一小组，按角色分工配合完成任务。具体分工见表 2-1-28。

表 2-1-28 小组分工

小组信息	班级名称			日期	
	小组名称			组长姓名	
	岗位分工	汇报员	记录员	技术员	质检员
	成员姓名				

说明：组长负责组织协调工作，汇报员负责分享信息并进行项目讲解，质检员负责计时和录像，记录员负责记录工作过程和填写表格，技术员负责项目的操作实施。

2. 制订工作计划。

编制工艺过程卡（表 2-1-29）时应查找《机床参数表》《机床使用说明书》《切削用量手册》《刀具手册》《机械加工工艺手册》等。

表 2-1-29　工艺过程卡

××学校××技能教学实践基地	机械加工工艺过程卡片		产品型号	迷你型	零件图号	003-11		
			产品名称	平口钳	零件名称	固定钳口	共　页	第　页
材料牌号	45 钢	毛坯种类：锻件	毛坯外形尺寸	44 mm×80 mm×27 mm	每毛坯件数	1	每台件数：1	备注
工序号	工序名称	工序内容	车间	工段	设备	工艺装备	工时 准终	工时 单件
0	毛坯	下料 44 mm×80 mm×27 mm			锯床	钢直尺		
1	铣工	粗加工、精加工六面 42 mm×78 mm×25 mm			普铣	机用平口钳、面铣刀、游标卡尺、修边器		
2	铣工	粗加工、精加工铣中间槽 42 mm×10 mm×60 mm 的尺寸			普铣	机用平口钳、面铣刀、ϕ12 mm 铣刀、游标卡尺、修边器		
3	铣工	粗加工、精加工两个对称的内弧槽，保证 58 mm、28 mm 的尺寸			普铣	机用平口钳、ϕ8 mm 立铣刀、游标卡尺		
4	划线	将所有涉及的孔与相配作件（3-07 号盖板、3-05 号衔铁块）一起进行划线，冲眼			钳工台	高度游标卡尺、锤子、冲眼		
5	钻孔、攻丝	在钻床上把做好的 3-07 号盖板、3-05 号衔铁块分别与本零件配作螺纹孔：将各零件同本零件一道划线打 M4 螺钉的底孔，用 ϕ3.2 mm 的麻花钻钻头打通孔，然后用锪孔钻加工 ϕ8.5 mm、深 4 mm 的沉孔，之后用 M4 丝锥攻丝。完成一个孔后用螺钉将两件固定一起，按前顺序完成另一个孔			钻床	机用平口钳、ϕ3.2 mm 的麻花钻、90°锪钻		
6	钻孔	在钻床上把做好的 3-07 号盖板与本零件用 M4 螺钉固定好，一起配作 ϕ7 mm H11 孔：划线、打样、冲眼，用 ϕ3.2 mm 的麻花钻钻头打通孔，然后用 ϕ6.8 mm 钻头扩孔，孔口倒角			钻床	中心钻、ϕ6.8 mm 麻花钻、90°锪钻、游标卡尺		
7	铰孔	用 ϕ7 mm H11 铰刀铰孔			钳工台	ϕ7 mm H10 铰刀		
8	去毛刺	去除全部毛刺			钳工台	锉刀		
	检验	按图示要求检查			检验桌	外径千分尺、游标卡尺		
			设计（日期）	审核（日期）	标准化（日期）	会签（日期）		
标记 处数 更改文件号 签字 日期	标记 处数 更改文件号 签字 日期							

（三）操作注意事项

1. 装夹多次变换，注意保证位置精度。

2. 两个对称内弧槽的铣削。

3. 配合钻、铰孔、攻丝要注意。

（四）操作实施

根据各小组制订的工艺规程进行操作加工。

要求：小组分工明确，全员参与，操作规范、安全。

（五）检查分享

1. 质量检测。

完成零件加工后，对照质量检测表（表 2-1-30）与实操的技术要点，在“学生自测”栏内填写“工件质量”栏中“检测项目”的自测结果，本组质检员进行抽测，其余项目由教师负责检测和评分。

表 2-1-30　固定钳口质量检测表

分类	序号	检测项目	检测内容	配分	学生自测	教师检测	得分
工件质量	1	螺孔	M4	5			
	2	外形尺寸	78 mm，42 mm，25 mm	15			
	3	相关尺寸	60 mm,15 mm,10 mm,8 mm,11 mm	20			
	4	两侧槽	$28_{-0.1}^{0}$，$10_{-0.2}^{0}$	10			
	5	孔	ϕ7 mm H11	10			
	6	表面粗糙度	*Ra*1.6	5			
	7	零件外形	零件整体外形	10			
分类	序号	考核内容		配分	说明		得分
加工工艺	1	加工工艺方案的填写		5	加工工艺是否合理、高效		
	2	刀具与切削用量选择合理		5	刀具与切削用量 1 个不合理处扣 1 分		
现场操作规范	1	安全操作		5	违反 1 条操作规程扣 1 分		
	2	工量具的正确使用及摆放		5	工量具使用不规范或错误 1 处扣 2 分		
	3	设备的正确操作和维护保养		5	违反 1 条维护保养规程扣 2 分		
评分标准：尺寸和形状、位置精度按照 IT14，精度超差时扣该项目全部分，粗糙度降级，该项目不得分							
评分人			时间		总得分		

2. 成果分享。

由各小组对其工艺规程、加工零件进行分享及问题解答。针对问题，教师及时进行现场指导与分析。

小组工作：小组分工，及时记录问题及解决方案，分享新收获，记录要突出要点，以便提升总结能力。

任务十一　机用平口钳的装配

（一）任务描述

解读图 2-1-12 所示的平口钳装配图，分析装配工艺，利用装配知识和钳工修配技能完成平口钳的装配。

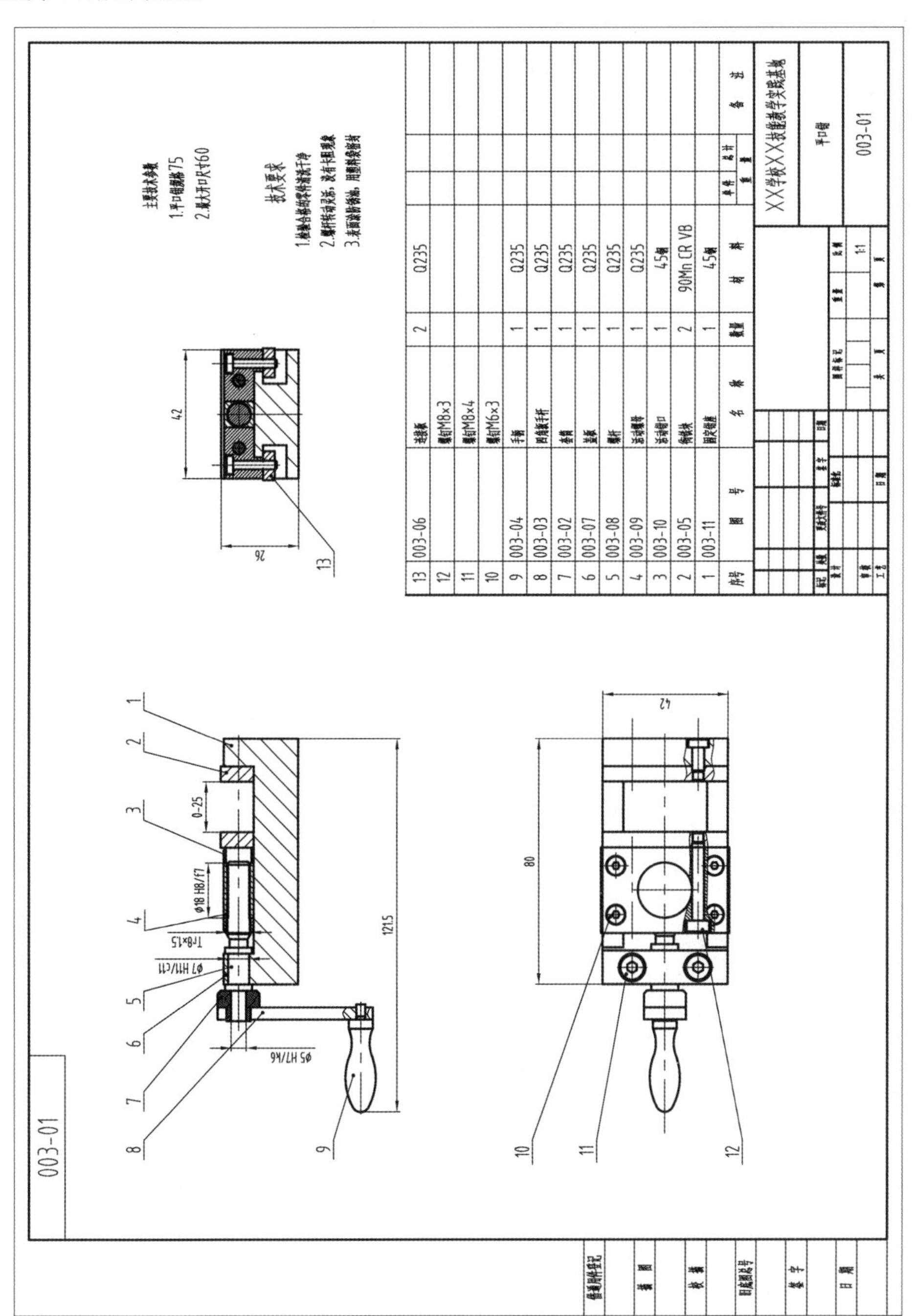

图 2-1-12　平口钳装配图

1. 按照工作计划完成线上学习任务。

（1）从网络课程接受任务，通过查询互联网、查阅图书馆资料等途径收集、分析有关信息，然后分组进行平口钳的安装工艺分析。

（2）在网络讨论组内进行成果分享、交流与讨论。

2. 做好工作准备。

（1）量具：电子数显游标卡尺、钢直尺各 1 把。

（2）材料：前面已做工件。

（3）工具：螺丝 、一字/十字螺丝刀、保护锤、什锦锉。

3. 任务引导。

（1）装配时的先后顺序是怎样的？

（2）根据现有零件如何修配提高平口钳的精度和使用功能？

（二）计划分工

1. 小组分工。

每 4~5 人为一小组，按角色分工配合完成任务。具体分工见表 2-1-31。

表 2-1-31　小组分工

<table>
<tr><td rowspan="4">小组信息</td><td>班级名称</td><td colspan="2"></td><td>日期</td><td></td></tr>
<tr><td>小组名称</td><td colspan="2"></td><td>组长姓名</td><td></td></tr>
<tr><td>岗位分工</td><td>汇报员</td><td>记录员</td><td>技术员</td><td>质检员</td></tr>
<tr><td>成员姓名</td><td></td><td></td><td></td><td></td></tr>
</table>

说明：组长负责组织协调工作，汇报员负责分享信息并进行项目讲解，质检员负责计时和录像，记录员负责记录工作过程和填写表格，技术员负责项目的操作实施。

2. 制订工作计划。

编制工艺过程卡（表 2-1-32）时应查找《机床参数表》《机床使用说明书》《切削用量手册》《刀具手册》《机械加工工艺手册》等。

表 2-1-32 装配工艺过程卡

序号	具体操作步骤	设备	工具	备注
步骤 1				
步骤 2				
步骤 3				
步骤 4				
步骤 5				
步骤 6				
步骤 7				
步骤 8				

（三）操作注意事项

1. 根据各小组制订的工艺规程进行装配加工。

2. 装配时注意先后顺序，部分配合、接触处的修整，尽量提高装配精度。

（四）检查分享

1. 质量检测。

完成零件加工后，对照质量检测表（表 2-1-33）与实操的技术要点，在“学生自测”栏内填写“工件质量”栏中“检测项目”的自测结果，本组质检员进行抽测，其余项目由教师负责检测和评分。

表 2-1-33 机用平口钳装配质量检测表

<table>
<tr><td colspan="2">小组名</td><td colspan="2"></td><td>姓名</td><td></td><td>评价日期</td><td colspan="2"></td></tr>
<tr><td colspan="2">项目名称</td><td colspan="4"></td><td>评价时间</td><td colspan="2"></td></tr>
<tr><td colspan="2">否决项</td><td colspan="7">违反设备操作规程与安全环保规范，造成设备损坏或人身事故，该项目 0 分</td></tr>
<tr><td colspan="2">评价要素</td><td>配分</td><td colspan="3">等级与评分细则
（等级系数:A=1,B=0.8,C=0.6,D=0.2,E=0）</td><td>自我评价</td><td>小组评价</td><td>教师评价</td></tr>
<tr><td>1</td><td>装配成功</td><td>50</td><td colspan="3">A. 装配准确完美
B. 装配良好
C. 装配完成
D. 装配有大的缺陷
E. 未完成</td><td></td><td></td><td></td></tr>
<tr><td>2</td><td>功能实现</td><td>50</td><td colspan="3">A. 功能优异
B. 功能良好
C. 功能基本可行
D. 功能有缺陷
E. 未完成功能</td><td></td><td></td><td></td></tr>
<tr><td colspan="2">总分</td><td>100</td><td colspan="3">得分</td><td></td><td></td><td></td></tr>
<tr><td colspan="6">根据学生实际情况，由培训师设定三个项目评分的权重，如 3∶3∶4</td><td>30%</td><td>30%</td><td>40%</td></tr>
<tr><td colspan="6">加权后得分</td><td></td><td></td><td></td></tr>
<tr><td colspan="6">综合总分</td><td colspan="3"></td></tr>
</table>

2. 成果分享。

由各小组对其工艺规程、装配进行分享及问题解答。针对问题，教师及时进行现场指导与分析。

小组工作：记录以上分享及解决的问题和新的收获，应突出要点，以便提升总结能力。

任务十二 项目评价与拓展

项目任务工作评价见表 2-1-34。

表 2-1-34 项目任务工作评价表

<table>
<tr><td colspan="2">小组名</td><td colspan="2"></td><td>姓名</td><td></td><td>评价日期</td><td></td></tr>
<tr><td colspan="2">项目名称</td><td colspan="4"></td><td>评价时间</td><td></td></tr>
<tr><td colspan="2">否决项</td><td colspan="6">违反设备操作规程与安全环保规范，造成设备损坏或人身事故，该项目 0 分</td></tr>
<tr><td colspan="2">评价要素</td><td>配分</td><td colspan="2">等级与评分细则
（等级系数：A=1，B=0.8，C=0.6，D=0.2，E=0）</td><td>自我评价</td><td>小组评价</td><td>教师评价</td></tr>
<tr><td>1</td><td>课前准备</td><td>20</td><td colspan="2">A. 能正确查询资料，制订工艺计划准确完美
B. 能正确查询信息，工艺计划有少量修改
C. 能查阅手册，工艺计划基本可行
D. 经提示会查阅手册，工艺计划有大缺陷
E. 未完成</td><td></td><td></td><td></td></tr>
<tr><td>2</td><td>项目工作计划</td><td>20</td><td colspan="2">A. 能根据工艺计划制订合理的工作计划
B. 能参考工艺计划，工作计划有小缺陷
C. 制订的工作计划基本可行
D. 制订了计划，有重大缺陷
E. 未完成</td><td></td><td></td><td></td></tr>
<tr><td>3</td><td>工作任务实施与检查</td><td>30</td><td colspan="2">A. 严格按工艺计划与工作规程实施计划，遇到问题能正确分析并解决，检查过程正常开展
B. 能认真实施技术计划，检查过程正常
C. 能实施保养与检查，过程正常
D. 保养、检查过程不完整
E. 未参与</td><td></td><td></td><td></td></tr>
<tr><td>4</td><td>安全环保意识</td><td>10</td><td colspan="2">A. 能严格遵守安全规范，及时保理处理工作垃圾，时刻注意观察安全隐患与环保因素
B. 能遵守各规范，有安全环保意识
C. 能遵守规范，实施过程安全正常
D. 安全环保意识淡薄
E. 无安全环保意识</td><td></td><td></td><td></td></tr>
<tr><td>5</td><td>综合素质考核</td><td>20</td><td colspan="2">A. 积极参与小组工作，按时完成工作页，全勤
B. 能参与小组工作，完成工作页，出勤 90%以上
C. 能参与小组工作，出勤 80%以上
D. 能参与工作，出勤 80%以下
E. 未反映参与工作</td><td></td><td></td><td></td></tr>
<tr><td colspan="2">总分</td><td>100</td><td colspan="2">得分</td><td></td><td></td><td></td></tr>
<tr><td colspan="5">根据学生实际情况，由培训师设定三个项目评分的权重，如 3∶3∶4</td><td>30%</td><td>30%</td><td>40%</td></tr>
<tr><td colspan="5">加权后得分</td><td></td><td></td><td></td></tr>
<tr><td colspan="5">综合总分</td><td colspan="3"></td></tr>
</table>

学生签字：________ 培训师签字：________
（日期） （日期）

四、项目学习总结

谈谈自己在这个项目中收获到了哪些知识，重点写出不足及今后工作的改进计划。

五、扩展与提高

其他平口钳的种类

（一）气动/液压平口钳

目前国内的气动/液压平口钳设计目的很单纯，就是为了“省力”，将手动夹紧替换成液压力夹紧或者气动夹紧力。

（二）多工位组合平口钳

普通平口钳一般只有一个装夹工位，一次只能装夹一个工件。多工位组合平口钳是为提高生产率，适应“多件装夹”的生产需要而研发的产品，能够一次装夹多个工件，并且能够保证每个工件的定位和牢固夹紧。一台平口钳的具体工位由用户根据实际需要确定，可以是 2 个或 3 个工位，也可以是 4 个或 5 个工位，甚至可以是更多工位。而且多工位组合平口钳在夹紧过程中会产生一个向下的夹紧力，可以使工件的定位更为牢固，安全性更高。

（三）快换/快夹组合平口钳

快换平口钳（图 2-1-13）是可以“快速更换钳口”的平口钳，可加工多种形状的工件，工装调整迅速、特别适合中小批量产品的加工。

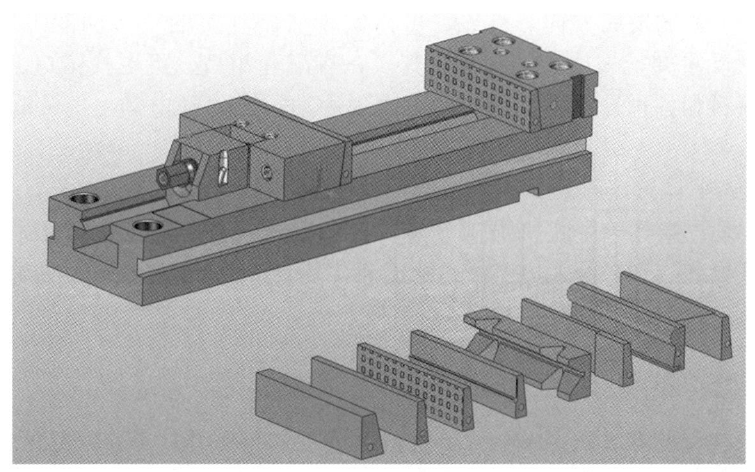

图 2-1-13　快换平口钳

快夹平口钳是可以“快速夹紧工件”的平口钳，其装夹迅速，适合工序加工时间很短、需要频繁装夹的加工场合。

快换/快夹组合平口钳，是兼具“快换”“快夹”两个优点的新型平口钳。

（四）柔性平口钳

普通平口钳从功能、钳口应用范围及夹紧动力源等方面来讲，都较为单一。而目前机加工发展的要求是省力高效，所以必须尽量减少工装次数，调整时间，降低劳动强度。柔性平口钳（图 2-1-14）正是针对这一需求而设计开发的。

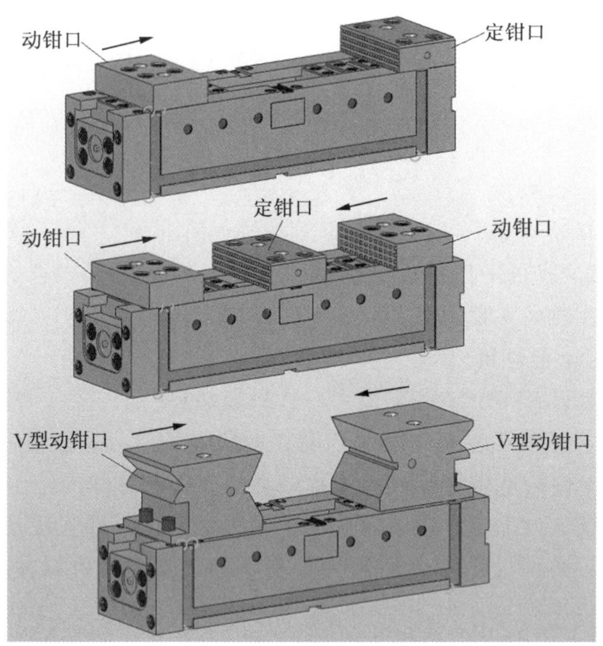

图 2-1-14　柔性平口钳

考虑到用户“多装”“快换”“快夹”“柔性”“加工自动化”等新需求，柔性平口钳成为新型平口钳的发展方向。首先，可以实现名副其实的“多功能工装”，集自定心、多工位、反向夹紧等功能于一身；其次，有配套钳口，可更换钳口，使之可夹方料、板料、棒料和各种异形料；再次，可实现手动、机动（电动、气液联动）等夹紧力替换。

（五）立式平口钳

立式平口钳主要用于卧式机加工设备，比如卧式镗床、卧式加工中心等。近几年来，随着卧式设备特别是卧式加工中心的逐渐普及，这类平口钳的市场需求量也在逐渐增加。

六、相关理论知识

相关理论知识参见《机械基础》《机械制造工艺与夹具》《钳工实训》《数控车削工艺与编程》《数控车实训》《数控铣和加工中心工艺与编程》《数控加工实训》等。

项目二 英式加农炮的加工

一、项目描述

本项目是生产加工一批迷你英式加农炮（图 2-2-1），根据零件图要求来分析组成零件的加工工艺，主要进行钻孔、锪孔、攻丝等钳工技能训练，外圆、凹槽、切断等车工技能训练，圆弧、平面、分度头的使用等铣工技能训练，并且最终完成零件的加工和检测。该项目由炮台槽、炮杆、轮轴、炮弹、炮钮、炮筒、炮轮等 7 个部分组成，将针对炮台槽、炮筒和炮轮的加工重点、难点及加工过程中的问题进行分析和讨论。

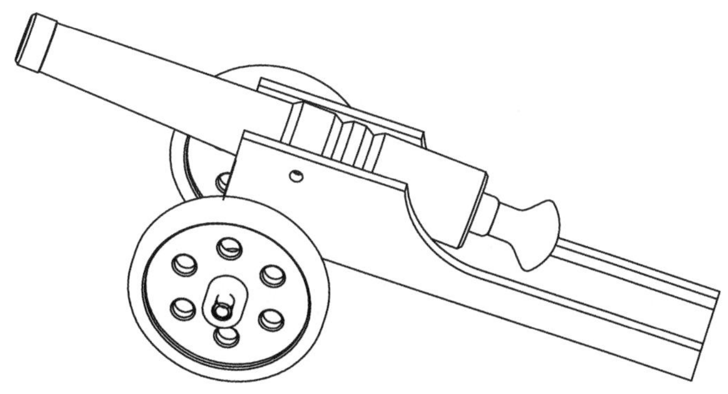

图 2-2-1　英式加农炮

在本项目中，我们将学会 CA6140 普通车床、普通铣床的使用，熟悉加工工艺的分析与制订，掌握车工操作中粗精车外圆、钻孔、攻丝等基本操作方法，保证尺寸精度及相关形位公差达到要求；学会使用普通铣床进行基本操作，学会使用万能分度头，完成炮台槽和炮轮的加工；学会根据图纸查阅机械手册，拟定工艺路线，加工出炮杆、轮轴、炮弹、炮钮、炮筒，并进行检测、装配。

二、项目提示

（一）工作方法

1. 根据任务描述，通过线上学习与讨论进行英式加农炮的工艺分析，通过查询互联网、查阅图书馆资料等途径收集、分析有关信息。

2. 以小组讨论的形式完成工作计划。

3. 按照工作计划，完成小组成员分工。

4. 对于出现的问题，请先自行解决，如确实无法解决，再寻求帮助。

5. 与指导教师讨论，进行学习总结。

（二）工作内容

1. 工作过程按照“五步法”实施。

2. 认真回答引导问题，仔细填写相关表格。

3. 小组合作完成任务，对任务完成情况的评价应客观、全面。

4. 进行现场“7S”和“TPM”管理，并按照岗位安全操作规程进行操作。

（三）相关理论知识

1. 工艺规程的制订规则。

2. 相关测量技术的要求。

3. 万能分度头等的操作要点。

4. CA6140、普通铣床的正确使用。

（四）知识储备

1. 零件图、装配图的识读。

2. 刀具、量具的认识及正确使用方法。

3. 工艺规程的制订规则。

4. 钳工、车工、铣工等实训设备的基本操作与使用。

（五）注意事项与安全环保知识

1. 熟悉各实训设备的正确使用方法。

2. 完成实训并经教师检查评估后，关闭电源，清扫工作台，将工具归位。

3. 请勿在没有确认装夹好工件之前启动电动实训设备。

4. 实训结束后，将工具及刀具放回原来位置，做好车间“7S”管理，做好垃圾分类。

三、项目实施过程

整个项目的实施过程可分为以下 7 个任务环节。

任务一 炮台槽的加工

（一）课前准备

1. 按照工作计划完成线上学习任务。

（1）通过网络平台发布炮台槽零件图（图 2-2-2）相关资料，布置任务，通过查询互联网、查阅图书馆资料等途径收集、分析有关信息，然后分组进行炮台槽的工艺分析。

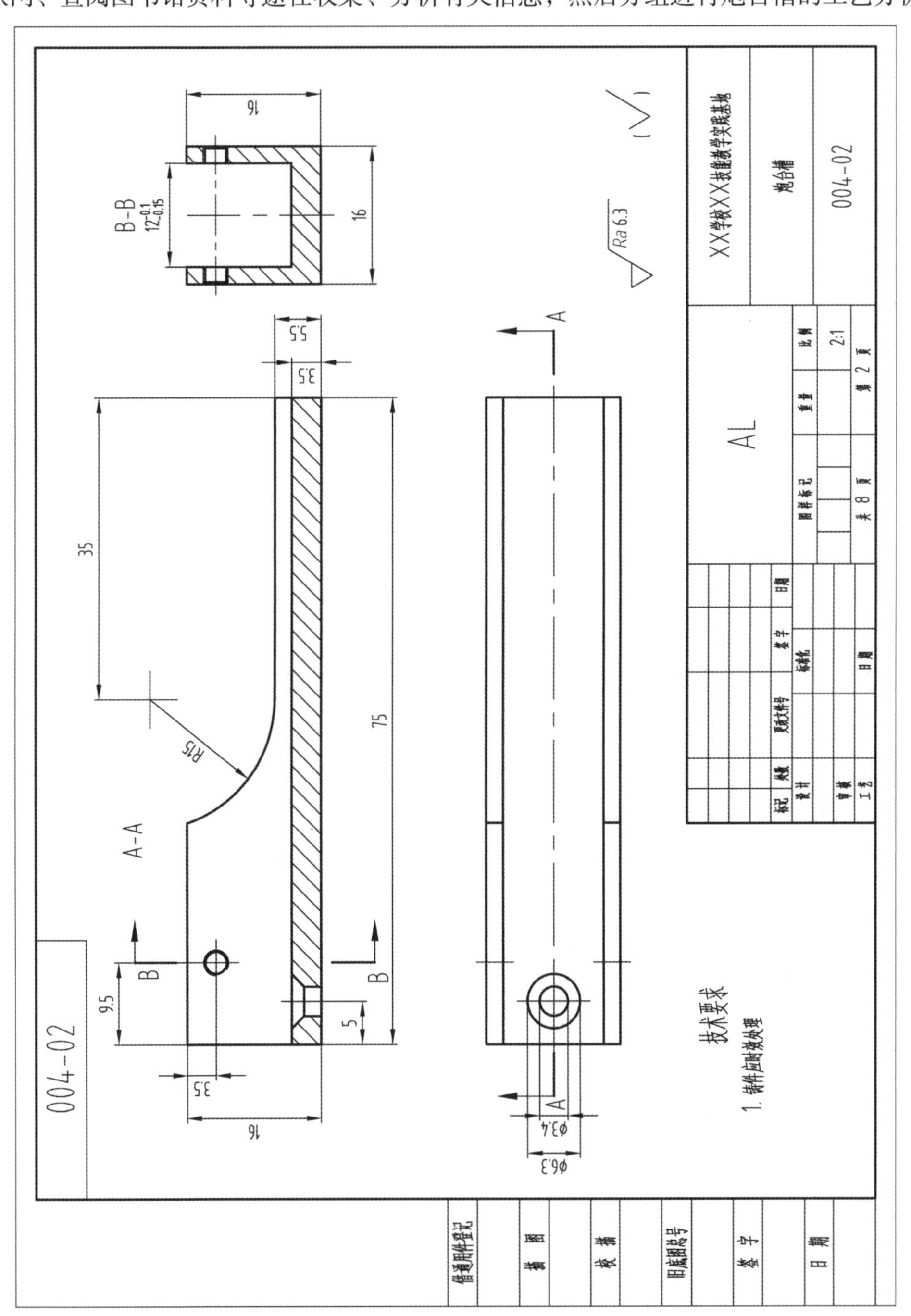

图 2-2-2 炮台槽零件图

（2）在网络讨论组内进行成果分享、交流与讨论。

2. 做好工作准备。

（1）量具：钢直尺、R15 的 R 规、游标卡尺、外径千分尺。

（2）材料：AL，尺寸为 80 mm×20 mm×20 mm。

（3）工具：机用平口钳、高度游标卡尺、锤子、瞄针、中心钻、ϕ2. 4 mm 麻花钻、ϕ3. 4 mm 麻花钻、45°ϕ6. 3 mm 锪钻、M3 的丝锥、锉刀等。

3. 任务引导。

（1）根据现有设备和精度要求制订炮台槽的加工工艺方案。

（2）如何正确划线、钻孔？如何确保两孔为同一轴线？

（二）计划分工

1. 小组分工。

每 4~5 人为一小组，按角色分工配合完成任务。具体分工见表 2-2-1。

表 2-2-1　小组分工

<table>
<tr><td rowspan="4">小组信息</td><td>班级名称</td><td colspan="2"></td><td>日期</td><td></td></tr>
<tr><td>小组名称</td><td colspan="2"></td><td>组长姓名</td><td></td></tr>
<tr><td>岗位分工</td><td>汇报员</td><td>记录员</td><td>技术员</td><td>质检员</td></tr>
<tr><td>成员姓名</td><td></td><td></td><td></td><td></td></tr>
</table>

说明：组长负责组织协调工作，汇报员负责分享信息并进行项目讲解，质检员负责计时和录像，记录员负责记录工作过程和填写表格，技术员负责项目的操作实施。

2. 制订工作计划。

小组成员共同讨论工作计划，制订最优的加工工艺方案，编制工艺过程卡（表 2-2-2）。

表 2-2-2　工艺过程卡

<table>
<tr><td colspan="2" rowspan="2">××学校××技能教学实践基地</td><td rowspan="2">机械加工工艺过程卡片</td><td colspan="2">产品型号</td><td>迷你型</td><td>零件图号</td><td colspan="3">004-02</td></tr>
<tr><td colspan="2">产品名称</td><td>火炮</td><td>零件名称</td><td>炮台槽</td><td>共 8 页</td><td colspan="2">第 2 页</td></tr>
<tr><td colspan="2">材料牌号 AL</td><td>毛坯种类 锻件　毛坯外形尺寸</td><td colspan="3">80 mm×20 mm×20 mm</td><td>每毛坯件数 1</td><td>每台件数 1</td><td colspan="2">备注</td></tr>
<tr><td rowspan="2">工序号</td><td rowspan="2">工序名称</td><td rowspan="2">工序内容</td><td rowspan="2">车间</td><td rowspan="2">工段</td><td rowspan="2">设备</td><td rowspan="2" colspan="2">工艺装备</td><td colspan="2">工时</td></tr>
<tr><td>准终</td><td>单件</td></tr>
<tr><td>0</td><td>毛坯</td><td>下料 80 mm×20 mm×20 mm</td><td></td><td></td><td>普通锯床</td><td colspan="2">直钢尺</td><td></td><td></td></tr>
<tr><td>1</td><td>铣工</td><td>粗、精加工六面至 75 mm×16 mm×16 mm</td><td></td><td></td><td>普通铣床</td><td colspan="2">机用平口钳、游标卡尺</td><td></td><td></td></tr>
<tr><td>2</td><td>铣工</td><td>选择使用 R15 mm 的立铣刀并计算出(主视图中)35 mm 及 R15 mm 的加工位置,可选择划线后进行粗、精加工 35 mm 长度及 R15 mm 圆弧</td><td></td><td></td><td>普通铣床</td><td colspan="2">机用平口钳、R15 的 R 规、游标卡尺</td><td></td><td></td></tr>
<tr><td>3</td><td>铣工</td><td>完成上述工序 2 后进行残留余量粗、精加工 35 mm 长度(上)面</td><td></td><td></td><td>普通铣床</td><td colspan="2">机用平口钳、游标卡尺</td><td></td><td></td></tr>
<tr><td>4</td><td>划线</td><td>用高度游标卡尺画出 M3 内螺纹孔与 ϕ3.4 mm 内孔的圆心点,用瞄针进行冲眼</td><td></td><td></td><td>钳工台</td><td colspan="2">高度游标卡尺、锤子、瞄针</td><td></td><td></td></tr>
<tr><td>5</td><td>钻孔</td><td>用中心钻打预孔位置,用 ϕ2.4 mm 麻花钻钻通孔,两个 M3 内螺纹孔要一起打</td><td></td><td></td><td>普通钻床</td><td colspan="2">机用平口钳、中心钻、ϕ2.4 mm 麻花钻</td><td></td><td></td></tr>
<tr><td>6</td><td>钻孔</td><td>用中心钻打 ϕ3.4 mm 预孔位置圆心点,用 ϕ3.4 mm 麻花钻钻通孔,用 45°ϕ6.3 mm 锪钻锪孔</td><td></td><td></td><td>普通铣床</td><td colspan="2">机用平口钳、中心钻、ϕ3.4 mm 麻花钻、45°ϕ6.3 mm 锪钻</td><td></td><td></td></tr>
<tr><td>7</td><td>攻丝</td><td>用 M3 丝锥攻两个 M3 的螺纹</td><td></td><td></td><td>钳工台</td><td colspan="2">M3 的丝锥</td><td></td><td></td></tr>
<tr><td>8</td><td>毛刺</td><td>去除全部毛刺</td><td></td><td></td><td>钳工台</td><td colspan="2">锉刀</td><td></td><td></td></tr>
<tr><td>9</td><td>检验</td><td>按图示要求检查</td><td></td><td></td><td>检验桌</td><td colspan="2">外径千分尺、游标卡尺</td><td></td><td></td></tr>
<tr><td></td><td></td><td></td><td colspan="2">设计(日期)</td><td>审核(日期)</td><td>标准化(日期)</td><td>会签(日期)</td><td></td><td></td></tr>
<tr><td>标记</td><td>处数</td><td>更改文件号　签字　日期　标记　处数　更改文件号　签字　日期</td><td colspan="2"></td><td></td><td></td><td></td><td></td><td></td></tr>
</table>

（三）操作注意事项

1. 在工序 2 的加工中，必须注意采取工件以主视图方向进行侧式安装，即用机用平口钳两面夹炮台槽 16 mm×16 mm 上下面。

2. 在工序 3 的加工中，必须注意将工件以俯视图方向夹持，即用机用平口钳两面夹炮台槽 16 mm×16 mm 两侧面。

3. 使用钻床，用中心钻打预孔位置，用 ϕ2. 4 mm 麻花钻钻通孔，两个 M3 内螺纹孔要一起打。

（四）操作实施

根据各小组制订的工艺规程，进行操作加工。

要求：小组分工明确，全员参与，操作规范、安全。

（五）检查分享

1. 质量检测。

完成零件加工后，对照质量检测表（表 2-2-3）与实操的技术要点，在“学生自测”栏内填写“工件质量”栏中“检测项目”的自测结果，本组质检员进行抽测，其余项目由教师负责检测和评分。

表 2-2-3　炮台槽质量检测表

分类	序号	检测项目	检测内容	配分	学生自测	教师检测	得分
工件质量	1	外圆	$12^{-0.10}_{-0.15}$	10			
	2	锪孔	ϕ6. 3 mm	10			
	3	螺纹	M3	10			
	4	圆弧	R15	10			
	5	钻孔	ϕ3. 4 mm	5			
	6	表面粗糙度	Ra1. 6	5			
	7	零件外形	零件整体外形	10			
分类	序号	考核内容		配分	说明		得分
加工工艺	1	加工工艺方案的填写		5	加工工艺是否合理、高效		
	2	刀具与切削用量选择合理		5	刀具与切削用量 1 个不合理处扣 1 分		
现场操作规范	1	安全操作		10	违反 1 条操作规程扣 5 分		
	2	工量具的正确使用及摆放		10	工量具使用不规范或错误 1 处扣 2 分		
	3	设备的正确操作和维护保养		10	违反 1 条维护保养规程扣 2 分		
评分标准：尺寸和形状、位置精度按照 IT14，精度超差时扣该项目全部分，粗糙度降级，该项目不得分							
评分人			时间			总得分	

2. 成果分享。

由各小组对其工艺规程、加工零件进行分享及问题解答。针对问题，教师及时进行现场指导与分析。

小组工作：及时记录问题与解决方案，分享新收获，突出要点，以便提升总结能力。

任务二　炮筒的加工

（一）课前准备

1. 按照工作计划完成线上学习任务。

（1）通过网络平台发布炮筒零件图（图 2-2-3）相关资料，布置任务，通过查询互联网、查阅图书馆资料等途径收集、分析有关信息，然后分组进行炮筒的工艺分析。

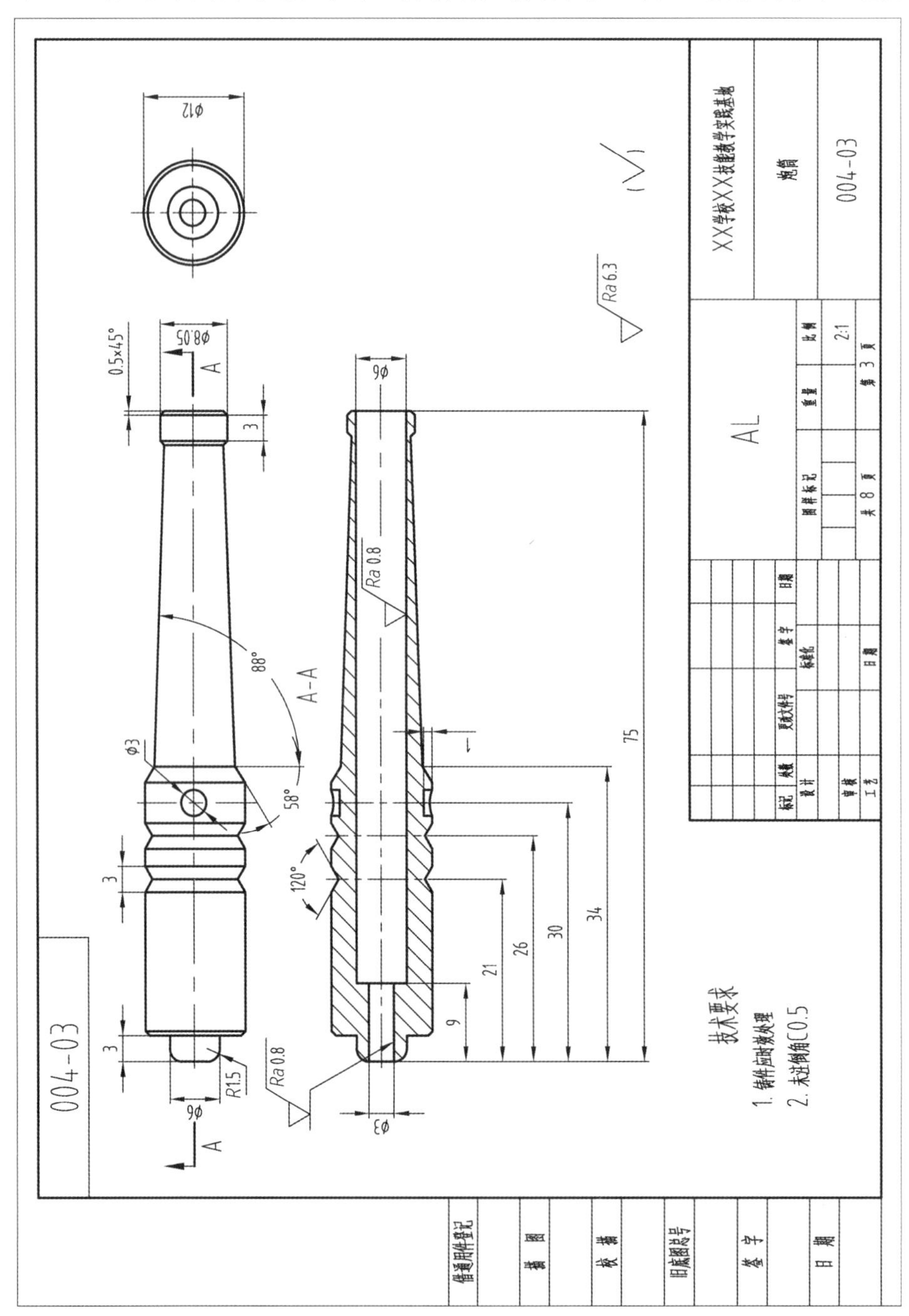

图 2-2-3　炮筒零件图

（2）在网络讨论组内进行成果分享、交流与讨论。

2. 做好工作准备。

（1）量具：电子数显游标卡尺、外径千分尺。

（2）材料：AL，尺寸为 ϕ15 mm×300 mm。

（3）工具：45°弯头车刀、120°成形白钢车刀、58°成形白钢车刀、中心钻、ϕ3 mm 麻花钻、ϕ6 mm 麻花钻、切槽刀、圆弧锉刀等。

3. 任务引导。

（1）根据现有设备和精度要求制订炮筒的加工工艺方案。

（2）如何正确钻 ϕ6 mm 的深孔？

（二）计划分工

1. 小组分工。

每 4~5 人为一小组，按角色分工配合完成任务。具体分工见表 2-2-4。

表 2-2-4　小组分工

小组信息	班级名称			日期	
	小组名称			组长姓名	
	岗位分工	汇报员	记录员	技术员	质检员
	成员姓名				

说明：组长负责组织协调工作，汇报员负责分享信息并进行项目讲解，质检员负责计时和录像，记录员负责记录工作过程和填写表格，技术员负责项目的操作实施。

2. 制订工作计划。

小组成员共同讨论工作计划，制订最优的加工工艺方案，编制工艺过程卡（表 2-2-5）。

表 2-2-5　工艺过程卡

<table>
<tr><td rowspan="2">××学校××技能
教学实践基地</td><td rowspan="2" colspan="5">机械加工工艺过程卡片</td><td>产品型号</td><td>迷你型</td><td>零件图号</td><td>004-03</td><td colspan="2"></td></tr>
<tr><td>产品名称</td><td>火炮</td><td>零件名称</td><td>炮筒</td><td>共 8 页</td><td>第 3 页</td></tr>
<tr><td>材料牌号</td><td>AL</td><td>毛坯种类</td><td>锻件</td><td>毛坯外形尺寸</td><td>ϕ15 mm×300 mm</td><td>每毛坯件数</td><td>1</td><td>每台件数</td><td>1</td><td>备注</td><td></td></tr>
</table>

<table>
<tr><td rowspan="2">工序号</td><td rowspan="2">工序名称</td><td rowspan="2">工序内容</td><td rowspan="2">车间</td><td rowspan="2">工段</td><td rowspan="2">设备</td><td rowspan="2">工艺装备</td><td colspan="2">工时</td></tr>
<tr><td>准终</td><td>单件</td></tr>
<tr><td>0</td><td>毛坯</td><td>ϕ15 mm×300 mm</td><td></td><td></td><td></td><td></td><td></td><td></td></tr>
<tr><td>1</td><td>车工</td><td>粗、精加工右端面</td><td></td><td></td><td>普车</td><td>45°弯头车刀</td><td></td><td></td></tr>
<tr><td>2</td><td>车工</td><td>粗、精加工 ϕ12 mm 外圆</td><td></td><td></td><td>普车</td><td>45°弯头车刀、外径千分尺</td><td></td><td></td></tr>
<tr><td>3</td><td>车工</td><td>粗、精加工 ϕ8.05 mm 外圆 2～3 mm 长，以右端面为基准，并且倒 0.5 mm×45°角左端</td><td></td><td></td><td>普车</td><td>45°弯头车刀、外径千分尺、游标卡尺</td><td></td><td></td></tr>
<tr><td>4</td><td>车工</td><td>利用刃磨好的 120°成形白钢车刀，粗、精加工两个 120°的槽，基准与距离根据图纸和实际情况确定，以图纸上的为准</td><td></td><td></td><td>普车</td><td>120°成形白钢车刀</td><td></td><td></td></tr>
<tr><td>5</td><td>车工</td><td>利用刃磨好的 58°成形白钢车刀，粗、精加工 1 个 58°的槽，基准与距离根据图纸和实际情况确定，以图纸上的为准</td><td></td><td></td><td>普车</td><td>58°成形白钢车刀</td><td></td><td></td></tr>
<tr><td>6</td><td>车工</td><td>车削 2°圆锥面（长度以右端面为基准）</td><td></td><td></td><td>普车</td><td>45°弯头车刀</td><td></td><td></td></tr>
<tr><td>7</td><td>钻孔</td><td>用中心钻打中心孔，用 ϕ3 mm 麻花钻钻头打 77 mm 的孔</td><td></td><td></td><td>普车</td><td>中心钻、ϕ3 mm 麻花钻</td><td></td><td></td></tr>
<tr><td>8</td><td>钻孔</td><td>用 ϕ6 mm 麻花钻钻头打 66 mm 的孔</td><td></td><td></td><td>普车</td><td>ϕ6 mm 麻花钻</td><td></td><td></td></tr>
<tr><td>9</td><td>车工</td><td>用切槽刀车削左端 ϕ6 mm 的外圆及 3 mm 的长度</td><td></td><td></td><td>普车</td><td>切槽刀、游标卡尺</td><td></td><td></td></tr>
<tr><td>10</td><td>修整</td><td>用砂皮纸在车床中高速运转时做去毛刺、光洁处理</td><td></td><td></td><td>普车</td><td>砂皮纸</td><td></td><td></td></tr>
<tr><td>11</td><td>车工</td><td>切断，并且控制总长在 75 mm 公差范围内</td><td></td><td></td><td>普车</td><td>切槽刀、游标卡尺</td><td></td><td></td></tr>
<tr><td>12</td><td>钳工</td><td>利用圆弧锉刀倒 ϕ6 mm、L3 mm 的圆弧角，进行整体的去毛刺</td><td></td><td></td><td>钳工台</td><td>圆弧锉刀</td><td></td><td></td></tr>
<tr><td>13</td><td>检验</td><td>按图示要求检查</td><td></td><td></td><td>检验桌</td><td>外径千分尺、游标卡尺</td><td></td><td></td></tr>
</table>

<table>
<tr><td></td><td></td><td></td><td></td><td></td><td></td><td></td><td></td><td></td><td></td><td>设计（日期）</td><td>审核（日期）</td><td>标准化（日期）</td><td>会签（日期）</td><td></td></tr>
<tr><td>标记</td><td>处数</td><td>更改文件号</td><td>签字</td><td>日期</td><td>标记</td><td>处数</td><td>更改文件号</td><td>签字</td><td>日期</td><td></td><td></td><td></td><td></td><td></td></tr>
</table>

（三）操作注意事项

1. 利用刃磨好的 120°成形白钢车刀，粗、精加工两个 120°的槽，基准与距离根据图纸和实际情况确定，以图纸上的为准。

2. 利用刃磨好的 58°成形白钢车刀，粗、精加工 1 个 58°的槽，基准与距离根据图纸和实际情况确定，以图纸上的为准。

3. 利用圆弧锉刀倒 ϕ6 mm、L3 mm 的圆弧角，进行整体的去毛刺。

（四）操作实施

根据各小组制订的工艺规程进行操作加工。

要求：小组分工明确，全员参与，操作规范、安全。

（五）检查分享

1. 质量检测。

完成零件加工后，对照质量检测表 2-2-6 与实操的技术要点，在“学生自测”栏内填写“工件质量”栏中“检测项目”的自测结果，本组质检员进行抽测，其余项目由教师负责检测和评分。

表 2-2-6　炮筒质量检测表

<table>
<tr><th>分类</th><th>序号</th><th>检测项目</th><th>检测内容</th><th>配分</th><th>学生自测</th><th>教师检测</th><th>得分</th></tr>
<tr><td rowspan="7">工件质量</td><td>1</td><td>外圆</td><td>ϕ12 mm</td><td>10</td><td></td><td></td><td></td></tr>
<tr><td>2</td><td>内孔</td><td>ϕ6 mm</td><td>10</td><td></td><td></td><td></td></tr>
<tr><td>3</td><td>倒角</td><td>0. 5 mm×45°</td><td>5</td><td></td><td></td><td></td></tr>
<tr><td>4</td><td>长度</td><td>75 mm</td><td>10</td><td></td><td></td><td></td></tr>
<tr><td>5</td><td>V 型槽</td><td>3</td><td>10</td><td></td><td></td><td></td></tr>
<tr><td>6</td><td>表面粗糙度</td><td>Ra1. 6</td><td>5</td><td></td><td></td><td></td></tr>
<tr><td>7</td><td>零件外形</td><td>零件整体外形</td><td>10</td><td></td><td></td><td></td></tr>
<tr><th>分类</th><th>序号</th><th colspan="2">考核内容</th><th>配分</th><th colspan="2">说明</th><th>得分</th></tr>
<tr><td rowspan="2">加工工艺</td><td>1</td><td colspan="2">加工工艺方案的填写</td><td>5</td><td colspan="2">加工工艺是否合理、高效</td><td></td></tr>
<tr><td>2</td><td colspan="2">刀具与切削用量选择合理</td><td>5</td><td colspan="2">刀具与切削用量 1 个不合理处扣 1 分</td><td></td></tr>
<tr><td rowspan="3">现场操作规范</td><td>1</td><td colspan="2">安全操作</td><td>10</td><td colspan="2">违反 1 条操作规程扣 5 分</td><td></td></tr>
<tr><td>2</td><td colspan="2">工量具的正确使用及摆放</td><td>10</td><td colspan="2">工量具使用不规范或错误 1 处扣 2 分</td><td></td></tr>
<tr><td>3</td><td colspan="2">设备的正确操作和维护保养</td><td>10</td><td colspan="2">违反 1 条维护保养规程扣 2 分</td><td></td></tr>
<tr><td colspan="8">评分标准：尺寸和形状、位置精度按照 IT14，精度超差时扣该项目全部分，粗糙度降级，该项目不得分</td></tr>
<tr><td>评分人</td><td colspan="2"></td><td>时间</td><td colspan="2"></td><td>总得分</td><td></td></tr>
</table>

2. 成果分享。

由各小组对其工艺规程、加工零件进行分享及问题解答。针对问题，教师及时进行

现场指导与分析。

小组工作：及时记录问题与解决方案，分享新收获，突出要点，以便提升总结能力。

任务三　炮杆及轮轴的加工

（一）课前准备

1. 按照工作计划完成线上学习任务。

（1）通过网络平台发布炮杆零件图（图 2-2-4）与轮轴零件（图 2-2-5）相关资料，布置任务，通过查询互联网、查阅图书馆资料等途径收集、分析有关信息，然后分组进行炮杆与轮轴的工艺分析。

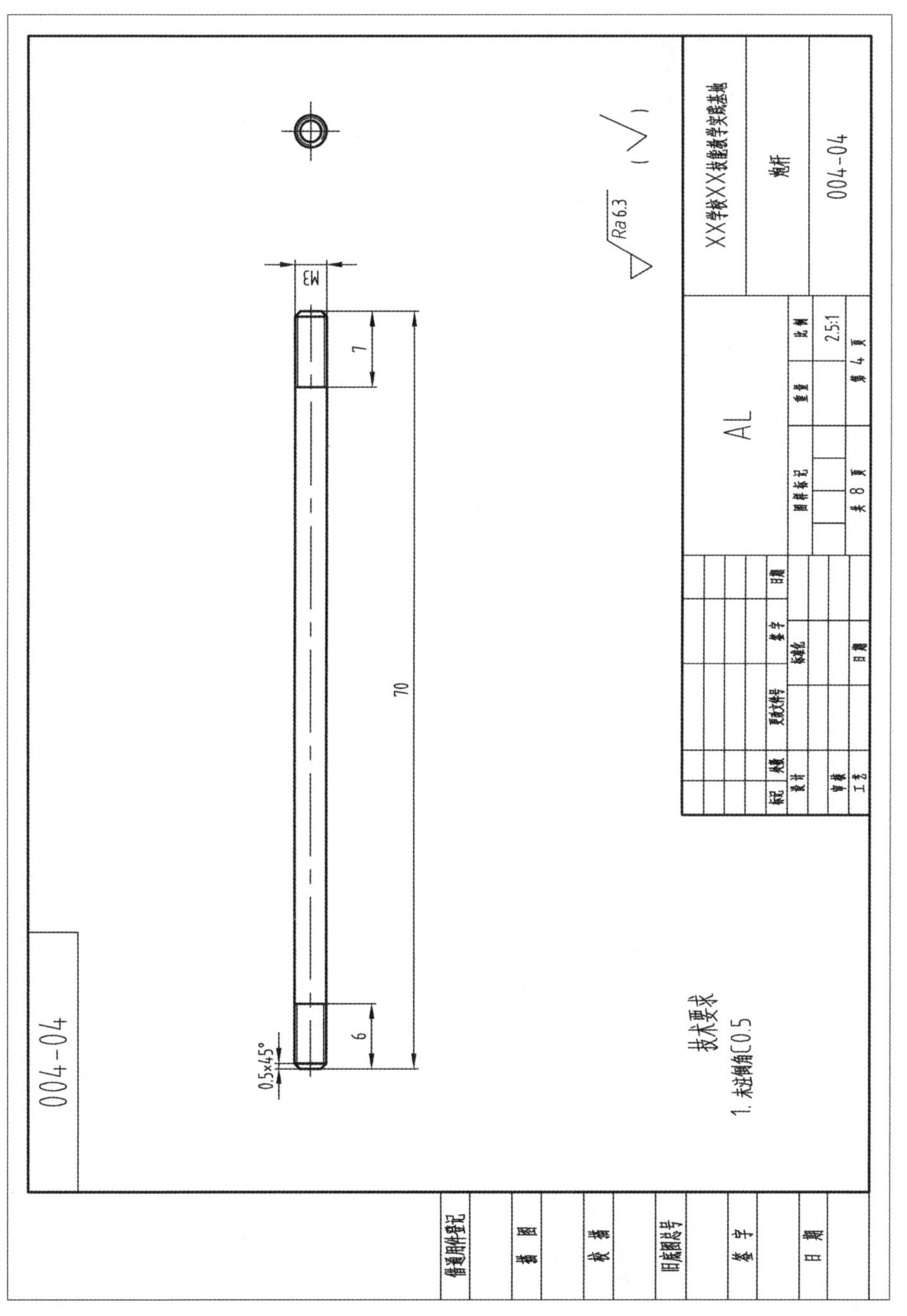

图 2-2-4　炮杆零件图

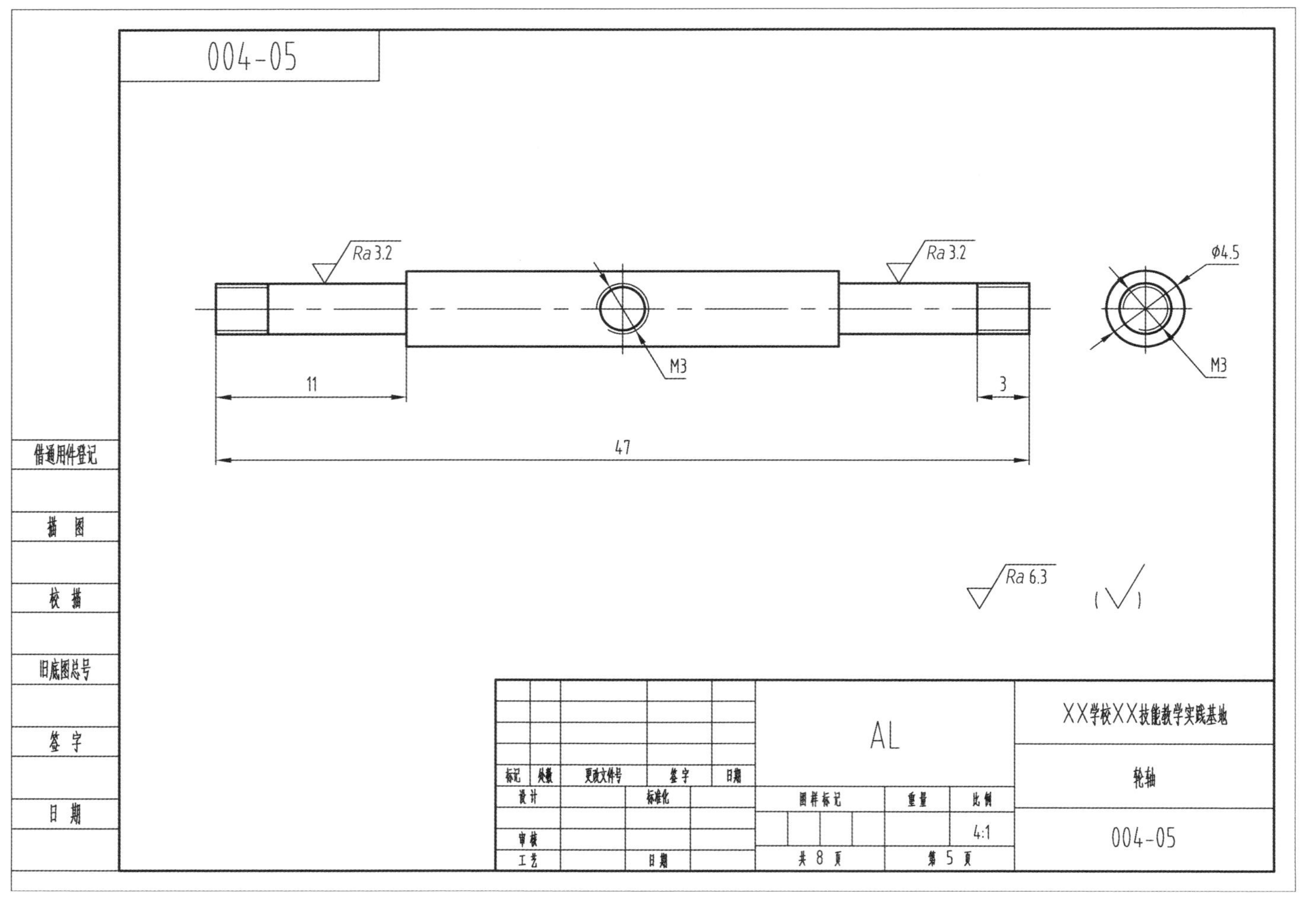
004-05
Ra 3.2
Ra 3.2
φ4.5
M3
M3
11
3
47
借通用件登记
描图
校描
旧底图总号
签字
日期
Ra 6.3
(√)
AL
XX学校XX技能教学实践基地
轮轴
标记
处数
更改文件号
签字
日期
设计
标准化
审核
工艺
日期
图样标记
重量
比例
4:1
共 8 页
第 5 页
004-05

图 2-2-5　轮轴零件图

（2）在网络讨论组内进行成果分享、交流与讨论。

2. 做好工作准备。

（1）量具：电子数显游标卡尺 1 把、钢直尺、外径千分尺。

（2）材料：AL，ϕ5 mm×73 mm、ϕ8 mm×50 mm。

（3）工具：45°弯头车刀、中心钻、ϕ2.4 mm 麻花钻、M3 丝锥等。

3. 任务引导。

（1）根据现有设备和精度要求制订炮杆及轮轴的加工工艺方案。

（2）如何正确地进行攻丝？

（二）计划分工

1. 小组分工。

每 4~5 人为一小组，按角色分工配合完成任务。具体分工见表 2-2-7。

表 2-2-7 小组分工

小组信息	班级名称			日期	
	小组名称			组长姓名	
	岗位分工	汇报员	记录员	技术员	质检员
	成员姓名				

说明：组长负责组织协调工作，汇报员负责分享信息并进行项目讲解，质检员负责计时和录像，记录员负责记录工作过程和填写表格，技术员负责项目的操作实施。

2. 制订工作计划。

小组成员共同讨论工作计划，制订最优的加工工艺方案，编制工艺过程卡（表 2-2-8、表 2-2-9）。

表 2-2-8 工艺过程卡

××学校××技能教学实践基地	机械加工工艺过程卡片	产品型号	迷你型	零件图号	004-04		
		产品名称	火炮	零件名称	炮杆	共 8 页	第 4 页

材料牌号	AL	毛坯种类	锻件	毛坯外形尺寸	ϕ5 mm×73 mm	每毛坯件数	1	每台件数	1	备注	

工序号	工序名称	工序内容	车间	工段	设备	工艺装备	工时 准终	工时 单件
0	毛坯	锯料 ϕ5 mm×73 mm			钳工台	机用平口钳、锯子、直钢尺		
1	车工	粗、精加工一端面（避免重复装夹带来误差与麻烦）			普通车床	45°弯头车刀		
2	车工	粗、精加工 ϕ3 mm 外圆，并且在一端面倒 0.5 mm×45°角			普通车床	45°弯头车刀、外径千分尺		
3	车工	用中心钻打一端中心孔，用 ϕ2.4 mm 麻花钻钻头打 7 mm 的盲孔			普通车床	中心钻、ϕ2.4 mm 麻花钻		
4	车工	用 M3 丝锥攻丝			普通车床	M3 丝锥		
5	钻孔	粗、精加工另一端面			普通车床	45°弯头车刀、游标卡尺		
6	攻丝	粗、精加工 ϕ3 mm 外圆，并且在另一端面倒 0.5 mm×45°角			普通车床	45°弯头车刀、外径千分尺		
7	钻孔	用中心钻打另一端中心孔，用 ϕ2.4 mm 麻花钻钻头打 7 mm 的盲孔			普通车床	中心钻、ϕ2.4 mm 麻花钻		
8	攻丝	用 M3 丝锥攻丝			普通车床	M3 丝锥		
9	去毛刺	去除全部毛刺			钳工台	锉刀		
10	检验	按图示要求检查			检验桌	外径千分尺、游标卡尺		

										设计（日期）	审核（日期）	标准化（日期）	会签（日期）		
标记	处数	更改文件号	签字	日期	标记	处数	更改文件号	签字	日期						

表 2-2-9　工艺过程卡

<table>
<tr><td colspan="2" rowspan="2">××学校××技能
教学实践基地</td><td rowspan="2">机械加工工艺过程卡片</td><td>产品型号</td><td>迷你型</td><td>零件图号</td><td>004-05</td><td colspan="2"></td></tr>
<tr><td>产品名称</td><td>火炮</td><td>零件名称</td><td>轮轴</td><td>共 8 页</td><td>第 5 页</td></tr>
<tr><td colspan="2">材料牌号</td><td>AL　毛坯种类　锻件　毛坯外形尺寸</td><td colspan="2">ϕ8 mm×50 mm</td><td>每毛坯件数</td><td>1</td><td>每台件数　1</td><td>备注</td></tr>
<tr><td rowspan="2">工序号</td><td rowspan="2">工序名称</td><td rowspan="2">工序内容</td><td rowspan="2">车间</td><td rowspan="2">工段</td><td rowspan="2">设备</td><td rowspan="2">工艺装备</td><td colspan="2">工时</td></tr>
<tr><td>准终</td><td>单件</td></tr>
<tr><td>0</td><td>毛坯</td><td>锯料 ϕ8 mm×50 mm</td><td></td><td></td><td>钳工台</td><td>机用平口钳、锯子、直钢尺</td><td></td><td></td></tr>
<tr><td>1</td><td>车工</td><td>粗、精加工一端面（避免重复装夹带来误差与麻烦）</td><td></td><td></td><td>普车</td><td>45°弯头车刀</td><td></td><td></td></tr>
<tr><td>2</td><td>车工</td><td>粗、精加工 ϕ4.5 mm 外圆</td><td></td><td></td><td>普车</td><td>45°弯头车刀、外径千分尺</td><td></td><td></td></tr>
<tr><td>3</td><td>车工</td><td>粗、精加工一端 ϕ3 mm 外圆</td><td></td><td></td><td>普车</td><td>45°弯头车刀、外径千分尺</td><td></td><td></td></tr>
<tr><td>4</td><td>钻孔</td><td>用中心钻打一端中心孔，用 ϕ2.4 mm 麻花钻钻头打 3 mm 的盲孔</td><td></td><td></td><td>普车</td><td>中心钻、ϕ2.4 mm 麻花钻</td><td></td><td></td></tr>
<tr><td>5</td><td>攻丝</td><td>用 M3 丝锥攻丝</td><td></td><td></td><td>普车</td><td>M3 丝锥</td><td></td><td></td></tr>
<tr><td>6</td><td>车工</td><td>粗、精加工另一端面，控制总长在 47 mm</td><td></td><td></td><td>普车</td><td>45°弯头车刀</td><td></td><td></td></tr>
<tr><td>7</td><td>车工</td><td>粗、精加工 ϕ4.5 mm 外圆</td><td></td><td></td><td>普车</td><td>45°弯头车刀、外径千分尺</td><td></td><td></td></tr>
<tr><td>8</td><td>车工</td><td>粗、精加工另一端 ϕ3 mm 外圆</td><td></td><td></td><td>普车</td><td>45°弯头车刀、外径千分尺</td><td></td><td></td></tr>
<tr><td>9</td><td>钻孔</td><td>用中心钻打另一端中心孔，用 ϕ2.4 mm 麻花钻钻头打 3 mm 的盲孔</td><td></td><td></td><td>普车</td><td>中心钻、ϕ2.4 mm 麻花钻</td><td></td><td></td></tr>
<tr><td>10</td><td>攻丝</td><td>用 M3 丝锥攻丝</td><td></td><td></td><td>普车</td><td>M3 丝锥</td><td></td><td></td></tr>
<tr><td>11</td><td>修整</td><td>用砂皮纸在车床中高速运转时做去毛刺、光洁处理</td><td></td><td></td><td>普车</td><td>砂皮纸</td><td></td><td></td></tr>
<tr><td>12</td><td>检验</td><td>按图示要求检查</td><td></td><td></td><td>检验桌</td><td>外径千分尺、游标卡尺</td><td></td><td></td></tr>
<tr><td></td><td></td><td></td><td></td><td></td><td></td><td></td><td></td><td></td></tr>
<tr><td></td><td></td><td></td><td>设计（日期）</td><td colspan="2">审核（日期）</td><td>标准化（日期）</td><td>会签（日期）</td><td></td></tr>
<tr><td>标记</td><td>处数</td><td>更改文件号　签字　日期　标记　处数　更改文件号　签字　日期</td><td></td><td colspan="2"></td><td></td><td></td><td></td></tr>
</table>

（三）操作注意事项

1. 用中心钻打一端中心孔，用 $\phi 2.4$ mm 麻花钻钻头打 7 mm 的盲孔，注意进刀速度。

2. 用 M3 丝锥攻丝，注意丝锥的使用。

3. 用砂皮纸在车床中高速运转时做去毛刺、光洁处理，注意安全。

（四）操作实施

根据各小组制订的工艺规程进行操作加工。

要求：小组分工明确，全员参与，操作规范、安全。

（五）检查分享

1. 质量检测。

完成零件加工后，对照质量检测表 2-2-10 与实操的技术要点，在“学生自测”栏内填写“工件质量”栏中“检测项目”的自测结果，本组质检员进行抽测，其余项目由教师负责检测和评分。

表 2-2-10　炮杆与轮轴质量检测表

<table>
<tr><th colspan="2">分类</th><th>序号</th><th>检测项目</th><th>检测内容</th><th>配分</th><th>学生自测</th><th>教师检测</th><th>得分</th></tr>
<tr><td rowspan="8">工件质量</td><td rowspan="3">炮杆尺寸</td><td>1</td><td>外圆</td><td>$\phi 3$ mm</td><td>5</td><td></td><td></td><td></td></tr>
<tr><td>2</td><td>螺纹</td><td>M3</td><td>15</td><td></td><td></td><td></td></tr>
<tr><td>3</td><td>长度</td><td>70 mm</td><td>5</td><td></td><td></td><td></td></tr>
<tr><td rowspan="5">轮轴尺寸</td><td>4</td><td>外圆</td><td>4.5</td><td>5</td><td></td><td></td><td></td></tr>
<tr><td>5</td><td>螺纹</td><td>3×M3</td><td>15</td><td></td><td></td><td></td></tr>
<tr><td>6</td><td>长度</td><td>47 mm</td><td>5</td><td></td><td></td><td></td></tr>
<tr><td>7</td><td>表面粗糙度</td><td>$Ra3.2$</td><td>5</td><td></td><td></td><td></td></tr>
<tr><td>8</td><td>零件外形</td><td>零件整体外形</td><td>5</td><td></td><td></td><td></td></tr>
<tr><th colspan="2">分类</th><th>序号</th><th colspan="2">考核内容</th><th>配分</th><th colspan="2">说明</th><th>得分</th></tr>
<tr><td colspan="2" rowspan="2">加工工艺</td><td>1</td><td colspan="2">加工工艺方案的填写</td><td>5</td><td colspan="2">加工工艺是否合理、高效</td><td></td></tr>
<tr><td>2</td><td colspan="2">刀具与切削用量选择合理</td><td>5</td><td colspan="2">刀具与切削用量 1 个不合理处扣 1 分</td><td></td></tr>
<tr><td colspan="2" rowspan="3">现场操作规范</td><td>1</td><td colspan="2">安全操作</td><td>10</td><td colspan="2">违反 1 条操作规程扣 5 分</td><td></td></tr>
<tr><td>2</td><td colspan="2">工量具的正确使用及摆放</td><td>10</td><td colspan="2">工量具使用不规范或错误 1 处扣 2 分</td><td></td></tr>
<tr><td>3</td><td colspan="2">设备的正确操作和维护保养</td><td>10</td><td colspan="2">违反 1 条维护保养规程扣 2 分</td><td></td></tr>
<tr><td colspan="9">评分标准：尺寸和形状、位置精度按照 IT14，精度超差时扣该项目全部分，粗糙度降级，该项目不得分</td></tr>
<tr><td colspan="2">评分人</td><td colspan="2"></td><td>时间</td><td colspan="2"></td><td>总得分</td><td></td></tr>
</table>

2. 成果分享。

由各小组对其工艺规程、加工零件进行分享及问题解答。针对问题，教师及时进行

现场指导与分析。

小组工作：及时记录问题与解决方案，分享新收获，突出要点，以便提升总结能力。

任务四　炮弹及炮钮的加工

（一）课前准备

1. 按照工作计划完成线上学习任务。

（1）通过网络平台发布炮弹零件图（图 2-2-6）与炮钮（图 2-2-7）相关资料，布置任务，通过查询互联网、查阅图书馆资料等途径收集、分析有关信息，然后分组进行炮弹与炮钮的工艺分析。

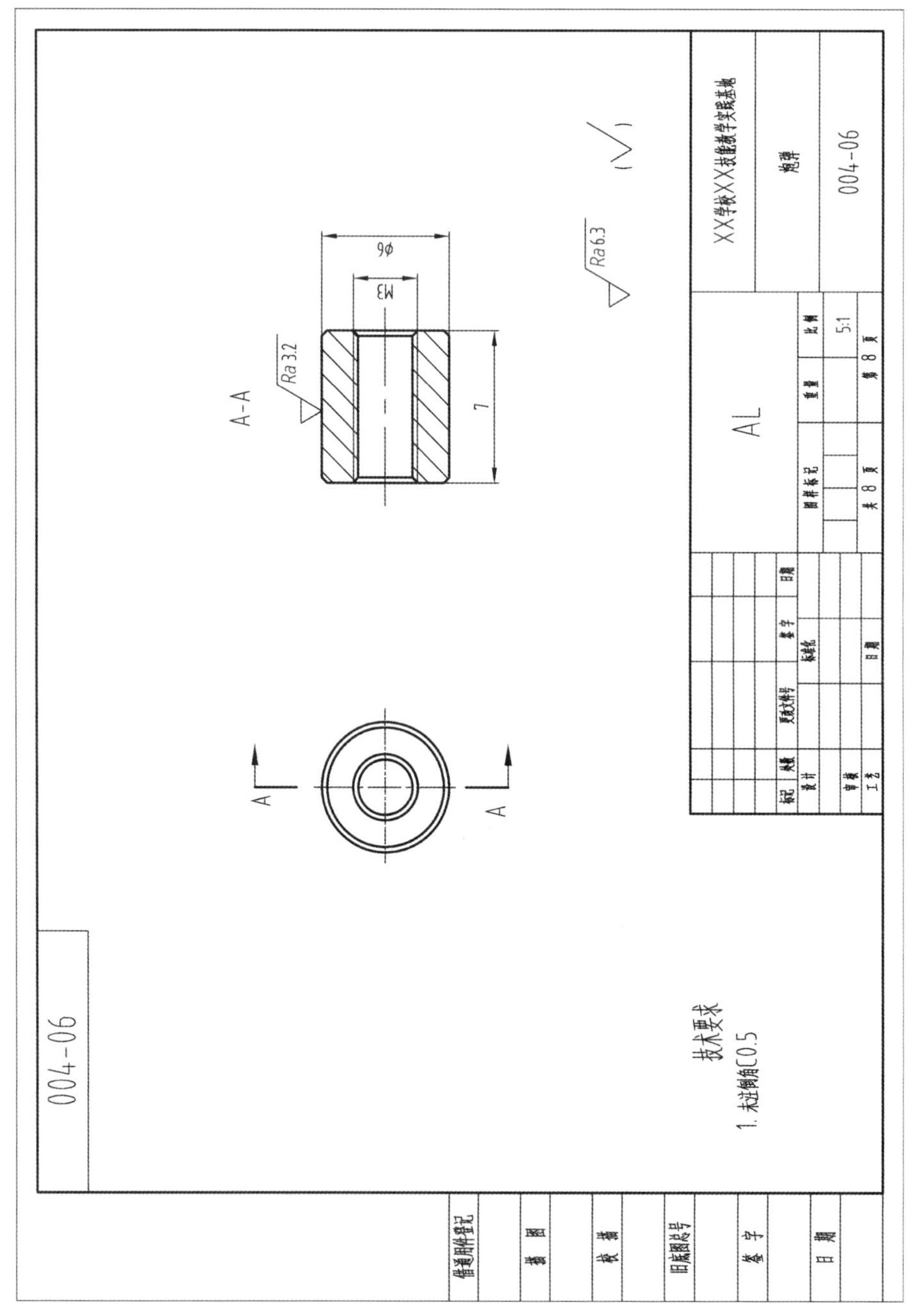

图 2-2-6　炮弹零件图

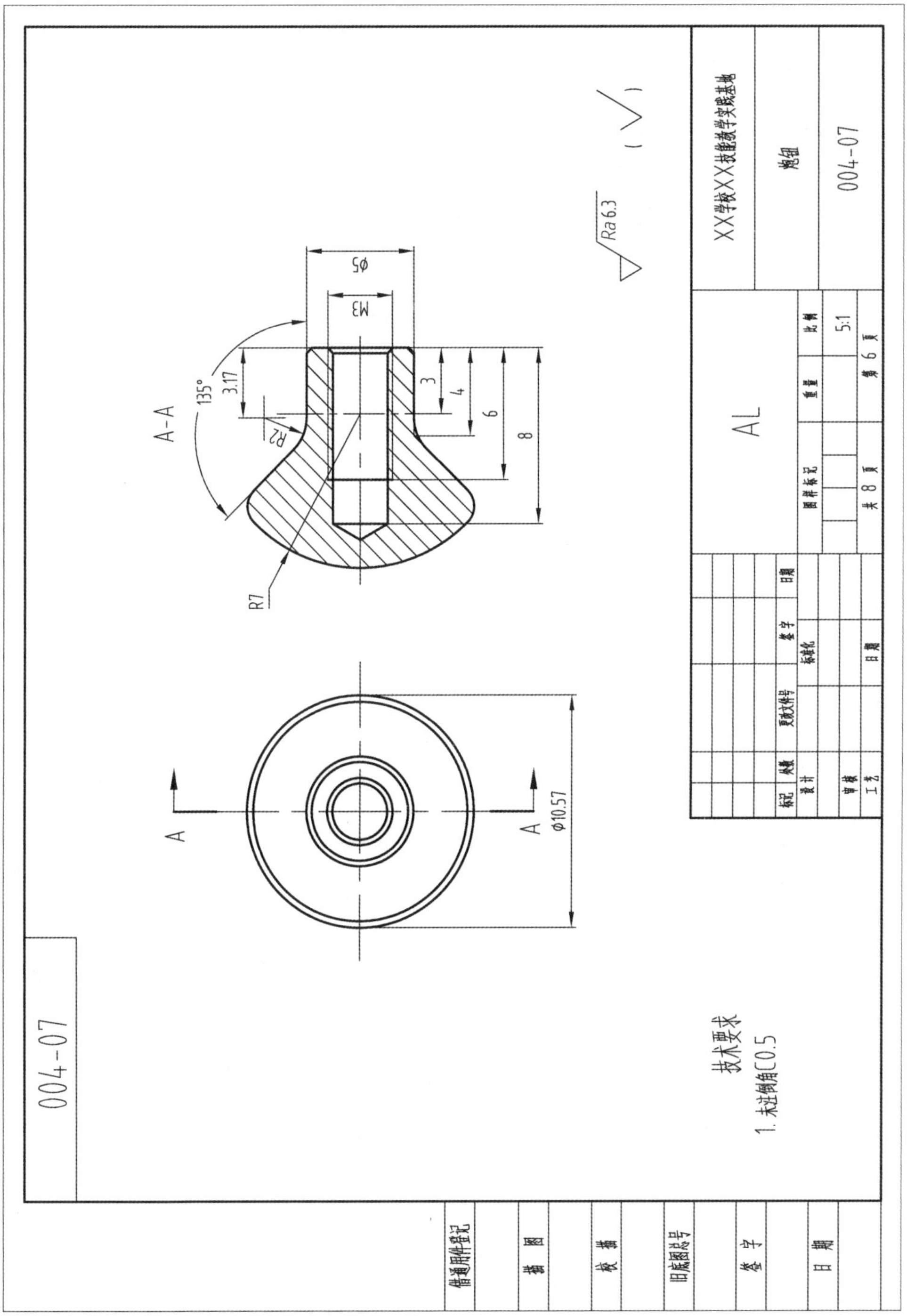

004-07

A-A

135°

3.17

R7

R2

M3

ϕ5

3

4

6

8

A

A

ϕ10.57

Ra 6.3

(√)

借通用件登记

描 图

校 描

旧底图总号

签 字

日 期

技术要求

1. 未注倒角C0.5

标记	处数	更改文件号	签字	日期	AL			XX学校XX技能教学实践基地
设计		标准化			图样标记	重量	比例	炮钮
							5:1	004-07
审核								
工艺		日期			共 8 页		第 6 页	

图 2-2-7 炮钮零件图

（2）在网络讨论组内进行成果分享、交流与讨论。

2. 做好工作准备。

（1）量具：电子数显游标卡尺、外径千分尺、万能角度尺、R 规。

（2）材料：AL，ϕ8 mm×20 mm、ϕ15 mm×20 mm。

（3）工具：45°弯头车刀、中心钻、ϕ2.4 mm 麻花钻、M3 丝锥、切槽刀、R2～R1.5 的成形车刀等。

3. 任务引导。

（1）根据现有设备和精度要求制订炮弹及炮钮的加工工艺方案。

（2）炮钮中 R7 的圆弧如何加工？

（二）计划分工

1. 小组分工。

每 4～5 人为一小组，按角色分工配合完成任务。具体分工见表 2-2-11。

表 2-2-11　小组分工

小组信息	班级名称			日期	
	小组名称			组长姓名	
	岗位分工	汇报员	记录员	技术员	质检员
	成员姓名				

说明：组长负责组织协调工作，汇报员负责分享信息并进行项目讲解，质检员负责计时和录像，记录员负责记录工作过程和填写表格，技术员负责项目的操作实施。

2. 制订工作计划。

小组成员共同讨论工作计划，制订最优的加工工艺方案，编制工艺过程卡（表 2-2-12、表 2-2-13）。

表 2-2-12　工艺过程卡

××学校××技能教学实践基地	机械加工工艺过程卡片		产品型号	迷你型	零件图号	004-06		
			产品名称	火炮	零件名称	炮弹	共 8 页	第 8 页
材料牌号	AL	毛坯种类 锻件	毛坯外形尺寸	ϕ8 mm×20 mm	每毛坯件数	1	每台件数 1	备注
工序号	工序名称	工序内容	车间	工段	设备	工艺装备	工时 准终	工时 单件
0	毛坯	ϕ8 mm×20 mm						
1	车工	粗、精加工一端面，倒角			普车	45°弯头车刀		
2	车工	粗、精加工 ϕ6 mm 外圆			普车	45°弯头车刀、外径千分尺		
3	钻孔	用中心钻打一端中心孔，用 ϕ2.4 mm 麻花钻钻头打 8 mm 的孔			普车	中心钻、ϕ2.4 mm 麻花钻		
4	攻丝	用 M3 丝锥攻丝			普车	M3 丝锥		
5	车工	倒角、切断、保证总长在 7 mm 公差范围内			普车	切槽刀、游标卡尺		
6	修整	用砂皮纸在车床中高速运转时做去毛刺、光洁处理			普车	砂皮纸		
7	检验	按图示要求检查			检验桌	外径千分尺、游标卡尺		
				设计（日期）	审核（日期）	标准化（日期）	会签（日期）	
标记 处数 更改文件号 签字 日期	标记 处数 更改文件号 签字 日期							

表 2-2-13　工艺过程卡

××学校××技能教学实践基地	机械加工工艺过程卡片	产品型号	迷你型	零件图号	004-07		
		产品名称	火炮	零件名称	炮钮	共 8 页	第 6 页

材料牌号	AL	毛坯种类	锻件	毛坯外形尺寸	ϕ15 mm×20 mm	每毛坯件数	1	每台件数	1	备注	

工序号	工序名称	工序内容	车间	工段	设备	工艺装备	工时 准终	工时 单件
0	毛坯	ϕ15 mm×20 mm						
1	车工	粗、精加工左端面、倒角			普车	45°弯头车刀		
2	车工	粗、精加工外圆面 ϕ10.57 mm，长度 12 mm			普车	45°弯头车刀、外径千分尺、游标卡尺		
3	车工	粗、精加工外圆面 ϕ5 mm，长度 3.17 mm			普车	90°外圆车刀、外径千分尺、游标卡尺		
4	车工	采用 45°弯头车刀粗加工 135°阶梯面			普车	45°弯头车刀、万能角度尺、R 规		
5	钻孔	用中心钻打中心孔，用 ϕ2.4 mm 麻花钻钻头打（根据实际情况定）6 mm 的孔			普车	中心钻、ϕ2.4 mm 麻花钻		
6	攻丝	用 M3 丝锥攻丝，长度比孔距小，根据实际情况拟定			普车	M3 丝锥		
7	车工	采用圆弧面 R2～R1.5 的成形车刀可适当修饰加工 R2 的圆弧面			普车	R2～R1.5 的成形车刀		
8	车工	采用圆弧面 R7～R3.5 的成形车刀可适当修饰加工 R7 的圆弧面			普车	R2～R1.5 的成形车刀		
9	车工	切断，控制总长在 10 mm 公差范围内			普车	切槽刀、游标卡尺		
10	修整	用砂皮纸在车床中高速运转时做去毛刺、光洁处理			普车	砂皮纸		
11	钳工	锉磨修整 R2、R7 的圆弧面			钳工台	锉刀、万能角度尺、R 规		
12	检验	按图示要求检查			检验桌	外径千分尺、游标卡尺		

设计（日期）｜审核（日期）｜标准化（日期）｜会签（日期）

标记｜处数｜更改文件号｜签字｜日期｜标记｜处数｜更改文件号｜签字｜日期

（三）操作注意事项

1. 采用45°弯头车刀粗加工135°阶梯面。

2. 用M3丝锥攻丝，长度比孔距小，注意实际情况。

3. 采用圆弧面成形车刀可适当修饰加工圆弧面，注意进刀量。

4. 锉磨修整R2、R7的圆弧面。

（四）操作实施

根据各小组制订的工艺规程进行操作加工。

要求：小组分工明确，全员参与，操作规范、安全。

（五）检查分享

1. 质量检测。

完成零件加工后，对照质量检测表2-2-14与实操的技术要点，在“学生自测”栏内填写“工件质量”栏中“检测项目”的自测结果，本组质检员进行抽测，其余项目由教师负责检测和评分。

表2-2-14 炮弹与炮钮质量检测表

<table>
<tr><th colspan="2">分类</th><th>序号</th><th>检测项目</th><th>检测内容</th><th>配分</th><th>学生自测</th><th>质检员检测</th><th>教师检测</th><th>得分</th></tr>
<tr><td rowspan="8">工件质量</td><td rowspan="3">炮弹尺寸</td><td>1</td><td>外圆</td><td>ϕ6 mm</td><td>10</td><td></td><td></td><td></td><td></td></tr>
<tr><td>2</td><td>螺纹</td><td>M3</td><td>10</td><td></td><td></td><td></td><td></td></tr>
<tr><td>3</td><td>长度</td><td>7 mm</td><td>5</td><td></td><td></td><td></td><td></td></tr>
<tr><td rowspan="5">炮钮尺寸</td><td>4</td><td>外圆</td><td>ϕ5 mm</td><td>10</td><td></td><td></td><td></td><td></td></tr>
<tr><td>5</td><td>螺纹</td><td>M3</td><td>10</td><td></td><td></td><td></td><td></td></tr>
<tr><td>6</td><td>长度</td><td>10 mm</td><td>5</td><td></td><td></td><td></td><td></td></tr>
<tr><td>7</td><td>表面粗糙度</td><td>Ra3.2</td><td>5</td><td></td><td></td><td></td><td></td></tr>
<tr><td>8</td><td>零件外形</td><td>零件整体外形</td><td>5</td><td></td><td></td><td></td><td></td></tr>
<tr><th colspan="2">分类</th><th>序号</th><th colspan="2">考核内容</th><th>配分</th><th colspan="3">说明</th><th>得分</th></tr>
<tr><td colspan="2" rowspan="2">加工工艺</td><td>1</td><td colspan="2">加工工艺方案的填写</td><td>5</td><td colspan="3">加工工艺是否合理、高效</td><td></td></tr>
<tr><td>2</td><td colspan="2">刀具与切削用量选择合理</td><td>5</td><td colspan="3">刀具与切削用量1个不合理处扣1分</td><td></td></tr>
<tr><td colspan="2" rowspan="3">现场操作规范</td><td>1</td><td colspan="2">安全操作</td><td>10</td><td colspan="3">违反1条操作规程扣5分</td><td></td></tr>
<tr><td>2</td><td colspan="2">工量具的正确使用及摆放</td><td>10</td><td colspan="3">工量具使用不规范或错误1处扣2分</td><td></td></tr>
<tr><td>3</td><td colspan="2">设备的正确操作和维护保养</td><td>10</td><td colspan="3">违反1条维护保养规程扣2分</td><td></td></tr>
<tr><td colspan="10">评分标准：尺寸和形状、位置精度按照IT14，精度超差时扣该项目全部分，粗糙度降级，该项目不得分</td></tr>
<tr><td colspan="2">评分人</td><td colspan="2"></td><td>时间</td><td colspan="2"></td><td>总得分</td><td colspan="2"></td></tr>
</table>

2. 成果分享。

由各小组对其工艺规程、加工零件进行分享及问题解答。针对问题，教师及时进行

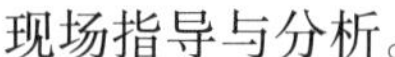

现场指导与分析。

小组工作：及时记录问题与解决方案，分享新收获，突出要点，以便提升总结能力。

任务五　炮轮的加工

（一）课前准备

1. 按照工作计划完成线上学习任务。

（1）通过网络平台发布炮轮零件图（图 2-2-8）相关资料，布置任务，通过查询互联网、查阅图书馆资料等途径收集、分析有关信息，然后分组进行炮轮的工艺分析。

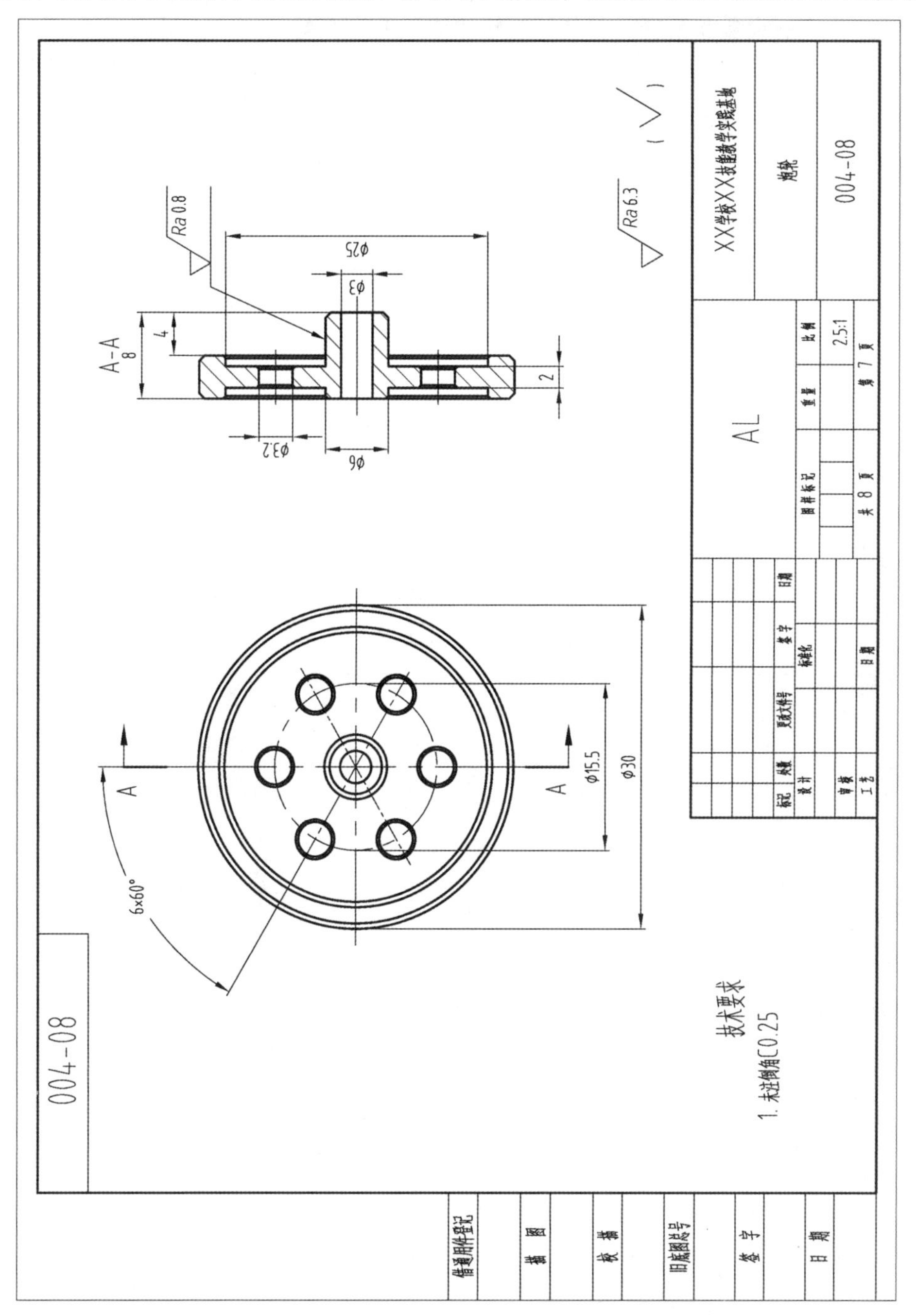

图 2-2-8　炮轮零件图

（2）在网络讨论组内进行成果分享、交流与讨论。

2. 做好工作准备。

（1）量具：电子数显游标卡尺、钢直尺、外径千分尺。

（2）材料：AL，ϕ33 mm×20 mm。

（3）工具：45°弯头车刀、镗孔刀、中心钻、ϕ3 mm 麻花钻、万能分度头、ϕ3.2 mm 麻花钻、45°锪钻等。

3. 任务引导。

（1）根据现有设备和精度要求制订炮轮的加工工艺方案。

（2）如何在万能分度头用 ϕ3.2 mm 麻花钻钻头加工 6×60°的通孔？

（二）计划分工

1. 小组分工。

每 4~5 人为一小组，按角色分工配合完成任务。具体分工见表 2-2-15。

表 2-2-15　小组分工

<table>
<tr><td rowspan="4">小组信息</td><td>班级名称</td><td colspan="2"></td><td>日期</td><td></td></tr>
<tr><td>小组名称</td><td colspan="2"></td><td>组长姓名</td><td></td></tr>
<tr><td>岗位分工</td><td>汇报员</td><td>记录员</td><td>技术员</td><td>质检员</td></tr>
<tr><td>成员姓名</td><td></td><td></td><td></td><td></td></tr>
</table>

说明：组长负责组织协调工作，汇报员负责分享信息并进行项目讲解，质检员负责计时和录像，记录员负责记录工作过程和填写表格，技术员负责项目的操作实施。

2. 制订工作计划。

小组成员共同讨论工作计划，制订最优的加工工艺方案，编制工艺过程卡（表 2-2-16）。

表 2-2-16　工艺过程卡

××学校××技能教学实践基地	机械加工工艺过程卡片	产品型号	迷你型	零件图号	004-08		
		产品名称	火炮	零件名称	炮轮	共 8 页	第 7 页

材料牌号	AL	毛坯种类	锻件	毛坯外形尺寸	ϕ33 mm×20 mm	每毛坯件数	2	每台件数	2	备注	

工序号	工序名称	工序内容	车间	工段	设备	工艺装备	工时	
							准终	单件
0	毛坯	下料 ϕ33 mm×20 mm			普通锯床	直钢尺		
1	车工	粗、精加工右端面，倒角			普车	45°弯头车刀		
2	车工	粗、精加工 ϕ30 mm 外圆，长度 8 mm			普车	45°弯头车刀、外径千分尺		
3	车工	利用端面槽刀粗、精加工 ϕ25 mm 端面槽至 ϕ6 mm			普车	游标卡尺、端面槽刀		
4	车工	掉头加工左端面槽			普车	游标卡尺、切断刀、端面槽刀		
5	钻孔	用中心钻打中心孔，用 ϕ3 mm 麻花钻钻头打 10 mm 的孔			普车	中心钻、ϕ3 mm 麻花钻		
6	铣工	在万能分度头用 ϕ3.2 mm 麻花钻钻头加工 6 mm×60°的通孔			普铣	万能分度头、ϕ3.2 mm 麻花钻		
7	锪孔	在钻床上对 6 mm×60°的孔用 45°锪钻锪孔，深度在 0.5 mm 左右			普钻	机用平口钳、45°锪钻		
8	去毛刺	去除全部毛刺			钳工台	锉刀		
9	检验	按图示要求检查			检验桌	外径千分尺、游标卡尺		

										设计（日期）	审核（日期）	标准化（日期）	会签（日期）	
标记	处数	更改文件号	签字	日期	标记	处数	更改文件号	签字	日期					

（三）操作注意事项

1. 利用端面槽刀粗、精加工 ϕ25 mm 端面槽至 ϕ6 mm，掉头加工左端面槽。

2. 在万能分度头用 ϕ3. 2 mm 麻花钻钻头加工 6 mm×60°的通孔，注意分度头的使用。

3. 在钻床上对 6 mm×60°的孔用 45°锪钻锪孔，深度 0. 5 mm 左右。

（四）操作实施

根据各小组制订的工艺规程进行操作加工。

要求：小组分工明确，全员参与，操作规范、安全。

（五）检查分享

1. 质量检测。

完成零件加工后，对照质量检测表 2-2-17 与实操的技术要点，在“学生自测”栏内填写“工件质量”栏中“检测项目”的自测结果，本组质检员进行抽测，其余项目由教师负责检测和评分。

表 2-2-17　炮轮质量检测表

<table>
<tr><th>分类</th><th>序号</th><th>检测项目</th><th>检测内容</th><th>配分</th><th>学生自测</th><th>质检员检测</th><th>教师检测</th><th>得分</th></tr>
<tr><td rowspan="7">工件质量</td><td>1</td><td>外圆</td><td>ϕ30 mm</td><td>10</td><td></td><td></td><td></td><td></td></tr>
<tr><td>2</td><td>内孔</td><td>ϕ25 mm</td><td>10</td><td></td><td></td><td></td><td></td></tr>
<tr><td>3</td><td>通孔</td><td>ϕ3. 2 mm×6 mm</td><td>10</td><td></td><td></td><td></td><td></td></tr>
<tr><td>4</td><td>长度</td><td>8 mm</td><td>10</td><td></td><td></td><td></td><td></td></tr>
<tr><td>5</td><td>钻孔</td><td>ϕ3 mm</td><td>5</td><td></td><td></td><td></td><td></td></tr>
<tr><td>6</td><td>表面粗糙度</td><td>Ra3. 2</td><td>5</td><td></td><td></td><td></td><td></td></tr>
<tr><td>7</td><td>零件外形</td><td>零件整体外形</td><td>10</td><td></td><td></td><td></td><td></td></tr>
<tr><td>分类</td><td>序号</td><td colspan="2">考核内容</td><td>配分</td><td colspan="3">说明</td><td>得分</td></tr>
<tr><td rowspan="2">加工工艺</td><td>1</td><td colspan="2">加工工艺方案的填写</td><td>5</td><td colspan="3">加工工艺是否合理、高效</td><td></td></tr>
<tr><td>2</td><td colspan="2">刀具与切削用量选择合理</td><td>5</td><td colspan="3">刀具与切削用量 1 个不合理处扣 1 分</td><td></td></tr>
<tr><td rowspan="3">现场操作规范</td><td>1</td><td colspan="2">安全操作</td><td>10</td><td colspan="3">违反 1 条操作规程扣 5 分</td><td></td></tr>
<tr><td>2</td><td colspan="2">工量具的正确使用及摆放</td><td>10</td><td colspan="3">工量具使用不规范或错误 1 处扣 2 分</td><td></td></tr>
<tr><td>3</td><td colspan="2">设备的正确操作和维护保养</td><td>10</td><td colspan="3">违反 1 条维护保养规程扣 2 分</td><td></td></tr>
<tr><td colspan="9">评分标准：尺寸和形状、位置精度按照 IT14，精度超差时扣该项目全部分，粗糙度降级，该项目不得分</td></tr>
<tr><td>评分人</td><td colspan="2"></td><td>时间</td><td colspan="2"></td><td>总得分</td><td colspan="2"></td></tr>
</table>

2. 成果分享。

由各小组对其工艺规程、加工零件进行分享及问题解答。针对问题，教师及时进行现场指导与分析。

小组工作：及时记录问题与解决方案，分享新收获，突出要点，以便提升总结能力。

任务六　英式加农炮的装配

（一）课前准备

1. 按照工作计划完成线上学习任务。

（1）通过网络平台发布英式加农炮装配图（图 2-2-9），布置工作任务。通过查询互联网、查阅图书馆资料等途径收集、分析有关信息，然后分组进行加农炮的装配工艺分析。

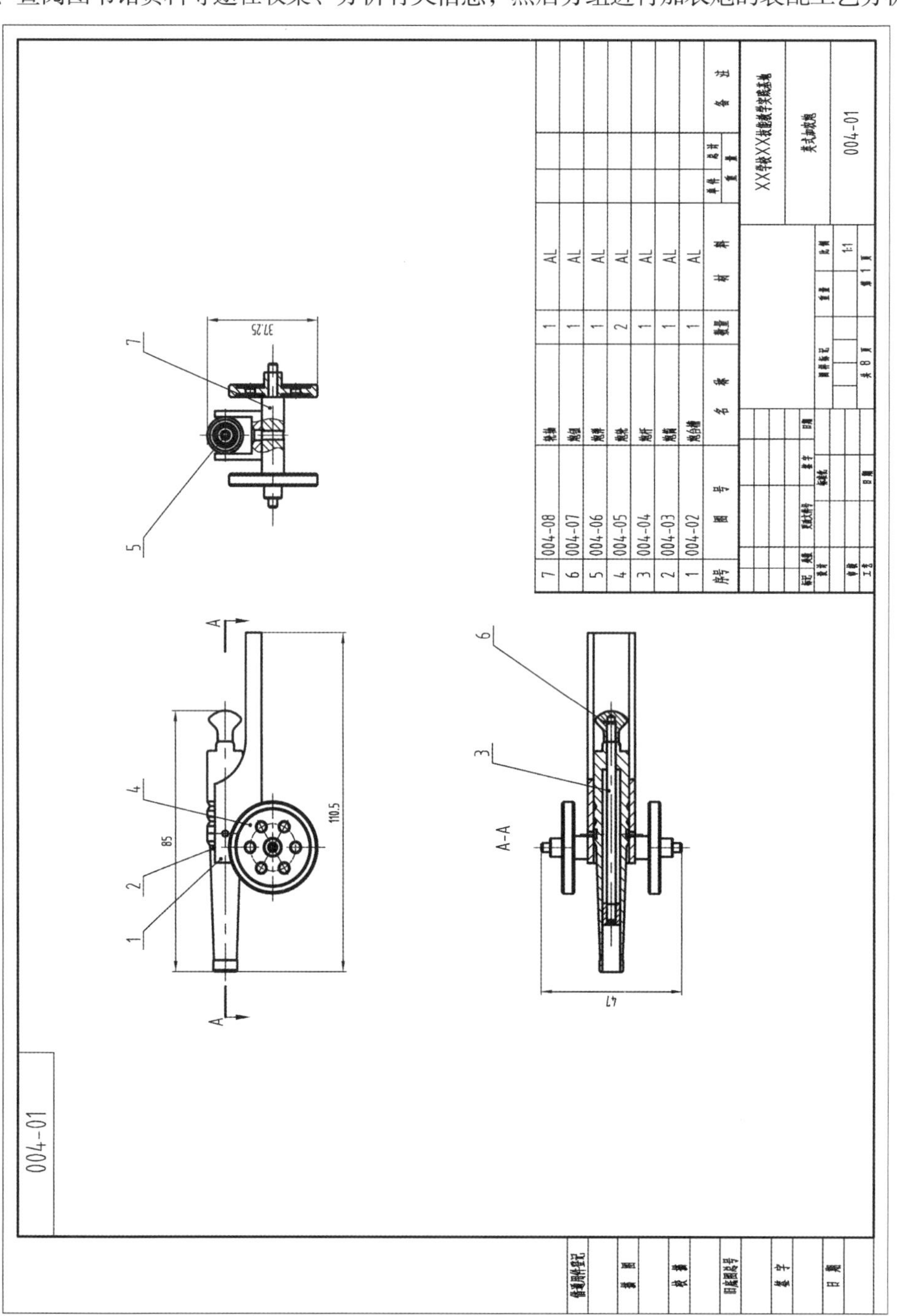

图 2-2-9　英式加农炮装配图

（2）在网络讨论组内进行成果分享、交流与讨论。

2. 做好工作准备。

（1）量具：游标卡尺、钢直尺、外径千分尺各 1 把。

（2）材料：已加工工件（001-007）、标准件 M3 埋头螺钉 4 个。

（3）工具：什锦锉刀、十字螺丝刀、一字螺丝刀等。

3. 任务引导。

加农炮由炮台槽、炮杆、轮轴、炮弹、炮钮、炮筒、炮轮等 7 个部分组成。

了解简单零件装配的过程及注意事项。

（二）计划分工

1. 小组分工。

每 4~5 人为一小组，按角色分工配合完成任务。具体分工见表 2-2-18。

表 2-2-18 小组分工

<table>
<tr><td rowspan="4">小组信息</td><td>班级名称</td><td colspan="2"></td><td>日期</td><td></td></tr>
<tr><td>小组名称</td><td colspan="2"></td><td>组长姓名</td><td></td></tr>
<tr><td>岗位分工</td><td>汇报员</td><td>记录员</td><td>技术员</td><td>质检员</td></tr>
<tr><td>成员姓名</td><td></td><td></td><td></td><td></td></tr>
</table>

说明：组长负责组织协调工作，汇报员负责分享信息并进行项目讲解，质检员负责计时和录像，记录员负责记录工作过程和填写表格，技术员负责项目的操作实施。

2. 制订工作计划。

小组成员共同讨论工作计划，制订最优的装配工艺方案，编制工艺过程卡（表 2-2-19）。

表 2-2-19 装配工艺过程卡

序号	具体操作步骤	设备	工具	刀具	量具
步骤 1					
步骤 2					
步骤 3					
步骤 4					
步骤 5					
步骤 6					
步骤 7					
步骤 8					

（三）操作注意事项

1. 装配时注意轮轴与炮轮同轴度的问题。

2. 注意炮杆和炮钮的连接。

3. 凡涉及螺纹连接处，手动施加一定预紧力即可。

（四）操作实施

根据各小组制订的工艺规程进行装配。

要求：小组分工明确，全员参与，操作规范、安全。

（五）检查分享

1. 质量检测。

完成零件装配后，对照质量检测表 2-2-20 与实操的技术要点，在“学生自测”栏内填写“装配质量”栏中“检测项目”的自测结果，本组质检员进行抽测，其余项目由教师负责检测和评分。

表 2-2-20　装配质量检测表

<table>
<tr><th>分类</th><th>序号</th><th>检测项目</th><th>检测内容</th><th>配分</th><th>学生自测</th><th>教师检测</th><th>得分</th></tr>
<tr><td rowspan="5">装配质量</td><td>1</td><td>炮架与炮身装配是否牢固</td><td>不应有移位、松动等</td><td>10</td><td></td><td></td><td></td></tr>
<tr><td>2</td><td>炮杆与炮钮装配是否松动</td><td>不应有移位、松动等</td><td>10</td><td></td><td></td><td></td></tr>
<tr><td>3</td><td>炮筒表面质量</td><td>不应有裂纹、毛刺、缺损、锈斑等影响外观和使用性能的缺陷</td><td>10</td><td></td><td></td><td></td></tr>
<tr><td>4</td><td>螺纹连接</td><td>不能出现滑丝、错位</td><td>10</td><td></td><td></td><td></td></tr>
<tr><td>5</td><td>装配体外形</td><td>装配体整体外形</td><td>10</td><td></td><td></td><td></td></tr>
<tr><th>分类</th><th>序号</th><th colspan="2">考核内容</th><th>配分</th><th colspan="2">说明</th><th>得分</th></tr>
<tr><td rowspan="2">装配工艺</td><td>1</td><td colspan="2">装配工艺方案的填写</td><td>10</td><td colspan="2">装配工艺是否合理、高效</td><td></td></tr>
<tr><td>2</td><td colspan="2">装配</td><td>10</td><td colspan="2">工具使用 1 个不合理处扣 2 分</td><td></td></tr>
<tr><td rowspan="3">现场操作规范</td><td>1</td><td colspan="2">安全操作</td><td>10</td><td colspan="2">违反 1 条操作规程扣 5 分</td><td></td></tr>
<tr><td>2</td><td colspan="2">工量具的正确使用及摆放</td><td>10</td><td colspan="2">工量具使用不规范或错误 1 处扣 2 分</td><td></td></tr>
<tr><td>3</td><td colspan="2">设备的正确操作和维护保养</td><td>10</td><td colspan="2">违反 1 条维护保养规程扣 2 分</td><td></td></tr>
<tr><td>评分人</td><td colspan="2"></td><td>时间</td><td colspan="2"></td><td>总得分</td><td></td></tr>
</table>

2. 成果分享。

由各小组对其工艺规程、加工零件进行分享及问题解答。针对问题，教师及时进行现场指导与分析。

小组工作：及时记录问题与解决方案，分享新收获，突出要点，以便提升总结能力。

任务七　项目评价与拓展

项目任务工作评价内容见表 2-2-21。

表 2-2-21　项目任务工作评价表

<table>
<tr><td colspan="2">小组名</td><td colspan="2">　　　　姓名</td><td>评价日期</td><td colspan="2"></td></tr>
<tr><td colspan="2">项目名称</td><td colspan="2"></td><td>评价时间</td><td colspan="2"></td></tr>
<tr><td colspan="2">否决项</td><td colspan="5">违反设备操作规程与安全环保规范，造成设备损坏或人身事故，该项目 0 分</td></tr>
<tr><td colspan="2">评价要素</td><td>配分</td><td>等级与评分细则
（等级系数:A=1,B=0.8,C=0.6,D=0.2,E=0）</td><td>自我
评价</td><td>小组
评价</td><td>教师
评价</td></tr>
<tr><td>1</td><td>课前
准备</td><td>20</td><td>A. 能正确查询资料，制订的工艺计划准确完美
B. 能正确查询信息，工艺计划有少量修改
C. 能查阅手册，工艺计划基本可行
D. 经提示会查阅手册，工艺计划有大缺陷
E. 未完成</td><td></td><td></td><td></td></tr>
<tr><td>2</td><td>项目
工作
计划</td><td>20</td><td>A. 能根据工艺计划，制订合理的工作计划
B. 能参考工艺计划，工作计划有小缺陷
C. 制订的工作计划基本可行
D. 制订了计划，有重大缺陷
E. 未完成</td><td></td><td></td><td></td></tr>
<tr><td>3</td><td>工作
任务
实施
与检查</td><td>30</td><td>A. 严格按工艺计划与工作规程实施计划，遇到问题能正确分析并解决，检查过程正常开展
B. 能认真实施技术计划，检查过程正常
C. 能实施保养与检查，过程正常
D. 保养、检查过程不完整
E. 未参与</td><td></td><td></td><td></td></tr>
<tr><td>4</td><td>安全
环保
意识</td><td>10</td><td>A. 能严格遵守安全规范，及时保理处理工作垃圾，时刻注意观察安全隐患与环保因素
B. 能遵守各规范，有安全环保意识
C. 能遵守规范，实施过程安全正常
D. 安全环保意识淡薄
E. 无安全环保意识</td><td></td><td></td><td></td></tr>
<tr><td>5</td><td>综合
素质
考核</td><td>20</td><td>A. 积极参与小组工作，按时完成工作页，全勤
B. 能参与小组工作，完成工作页，出勤率 90%以上
C. 能参与小组工作，出勤率 80%以上
D. 能参与工作，出勤率 80%以下
E. 未反映参与工作</td><td></td><td></td><td></td></tr>
<tr><td colspan="2">总分</td><td>100</td><td>得分</td><td></td><td></td><td></td></tr>
<tr><td colspan="4">根据学生实际情况，由培训师设定三个项目评分的权重，如 3∶3∶4</td><td>30%</td><td>30%</td><td>40%</td></tr>
<tr><td colspan="4">加权后得分</td><td></td><td></td><td></td></tr>
<tr><td colspan="4">综合总分</td><td colspan="3"></td></tr>
</table>

学生签字：________________　　　　培训师签字：________________
（日期）　　　　　　　　　　　　　（日期）

四、项目学习总结

谈谈自己在这个项目中收获到了哪些知识，重点写出不足及今后工作的改进计划。

五、扩展与提高

鼓胀器（图 2-2-10）是以压缩气体作为动力，压缩本体上自带的硅胶圈使其变形鼓胀，与待取产品之间产生过盈配合及摩擦力，从而取出产品的气动零件。请同学们结合下列图纸，制订橡胶锤中非标件锤头架和锤柄的加工工艺方案。

任务描述：该鼓胀器由蓝色硅橡胶、鼓胀器、弯臂固定、底座支架组成，其中蓝色硅橡胶、弯臂固定、底座支架为已加工件，只需加工鼓胀器。鼓胀器零件图如图 2-2-11 所示。

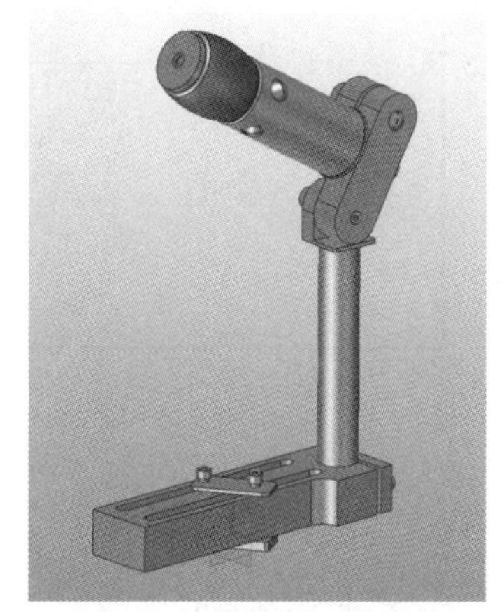

图 2-2-10　鼓胀器及支架

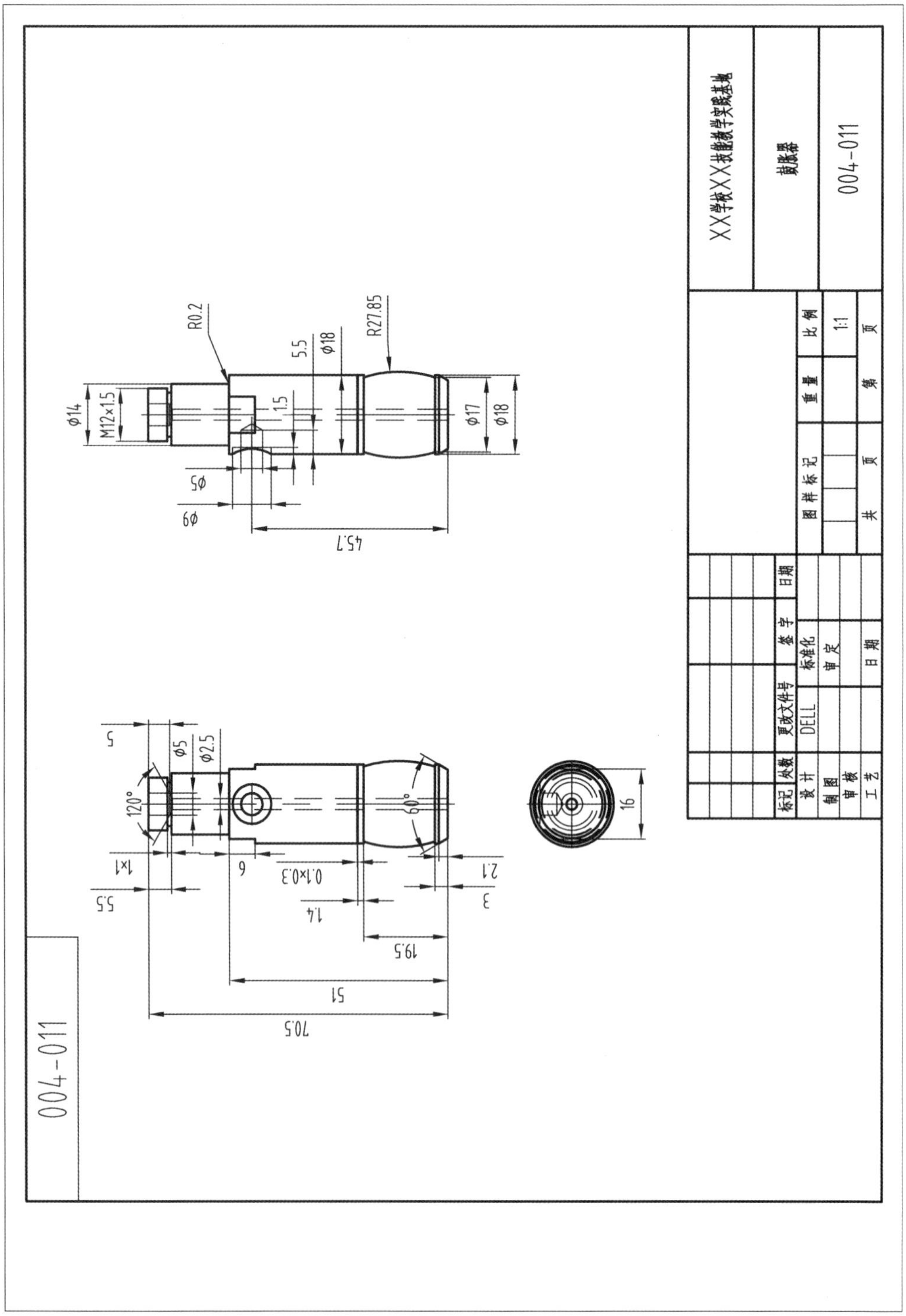

图 2-2-11　鼓胀器零件图

六、相关理论知识

相关理论知识见《机械基础》《机械制造工艺与夹具》《钳工实训》等。

模块三

技术飞跃篇

多少事，从来急；天地转，光阴迫。一万年太久，只争朝夕。

——毛泽东

知识是珍宝，但实践是得到它的钥匙。

——托马斯·富勒

锲而舍之，朽木不折；锲而不舍，金石可镂。

——荀况

我平生从来没有做出过一次偶然的发明。我的一切发明都是经过深思熟虑和严格试验的结果。

——爱迪生

项目一 棘轮扳手的加工

一、项目描述

本项目是完成棘轮扳手的加工与装配，根据棘轮扳手的装配图（图 3-1-1）和零件图，分析组成零件的加工工艺，进行下料、锉削、划线、手工锯割及钻孔、车削、铣削等加工技能训练，完成零件的加工和检测。该扳手由手柄、扳身、棘轮齿、棘爪、销轴、顶针、弹簧、螺钉等 8 个部件组成，本项目将针对手柄、棘轮、棘爪等部件进行工艺的重点、难点分析，并对加工过程中的问题进行讨论。

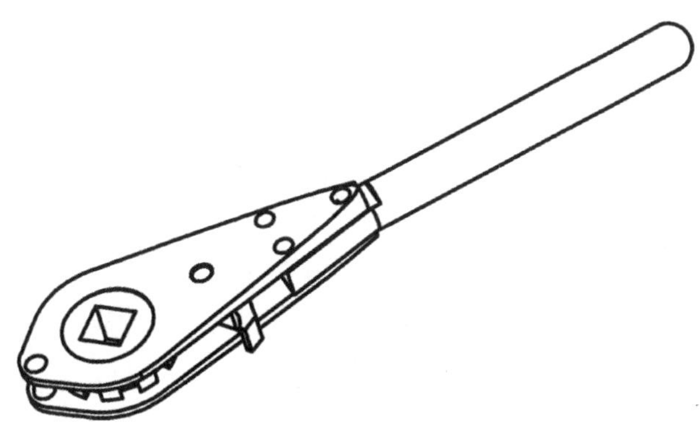

图 3-1-1 棘轮扳手

在本项目中，我们将学会使用车床、普通铣床、加工中心，掌握车钳铣中的锯、挫、钻、铰、铣等操作技能，学会根据图纸查阅机械手册，拟定工艺路线，绘制加工工艺卡，在实际操作中学会保证基准面与其他加工面同轴度、垂直度、平行度等，保证孔与基准面的中心距，学会对整个项目进行总体装配，最后进行质量的检测，进行评价与自我测评。

二、项目提示

（一）工作方法

1. 根据任务描述，通过线上学习与讨论进行手柄、棘轮、棘爪等重要部件的工艺分析，通过网络查询、查阅图书馆资料等途径收集、分析有关信息。

2. 以小组讨论的形式完成工作计划。

3. 按照工作计划，完成小组成员分工。

4. 对于出现的问题，请先自行解决，如确实无法解决，再寻求帮助。

5. 与指导教师讨论，进行学习总结。

（二）工作内容

1. 工作过程按照“五步法”实施。

2. 认真回答引导问题，仔细填写相关表格。

3. 小组合作完成任务，对任务完成情况的评价应客观、全面。

4. 进行现场“7S”和“TPM”管理，并按照岗位安全操作规程进行操作。

（三）相关理论知识

1. 车削、铣削及测量技术。

2. 锯、锉、钻、铰、车、铣等实训操作要点。

3. 加工中心的正确使用。

4. 分度头的正确操作。

（四）知识储备

1. 零件图、装配图的识读。

2. 工艺规程的制订。

3. 刀具的认识及正确使用方法。

4. 锯、锉、钻、铰、车、铣实训设备的认识。

（五）注意事项与安全环保知识

1. 熟悉各实训设备的正确使用方法。

2. 完成实训并经教师检查评估后，关闭电源，清扫工作台，将工具归位。

3. 请勿在没有确认装夹好工件之前启动电动实训设备。

4. 实训结束后，将工具及刀具放回原来位置，做好车间“7S”管理，做好垃圾分类。

三、项目实施过程

整个项目的实施过程可分为以下 7 个任务环节。

任务一 手柄的加工

（一）课前准备

1. 按照工作计划完成线上学习任务。

（1）从网络课程接受任务，通过查询互联网、查阅图书馆资料等途径收集、分析有关信息，然后分组进行手柄（图 3-1-2）的工艺分析。

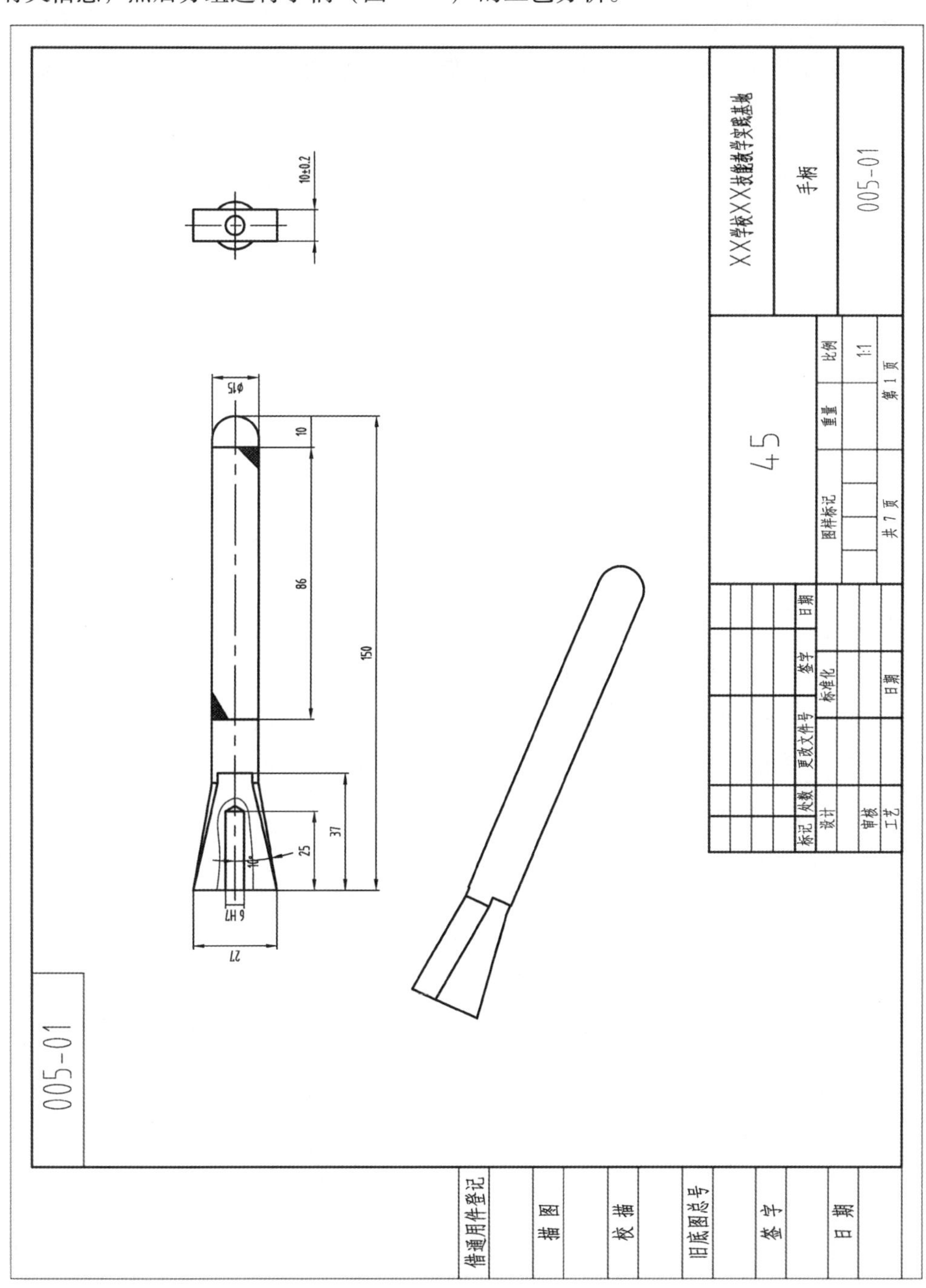

图 3-1-2 手柄零件图

（2）在网络讨论组内进行成果分享、交流与讨论。

2. 做好工作准备。

（1）量具：电子数显游标卡尺 1 把、0～25 mm 千分尺、R 规、ϕ6 塞规、万能角度尺。

（2）材料：45 钢，ϕ30 mm×152 mm。

（3）工具：ϕ5. 8 mm 麻花钻、ϕ6 mm H7 铰刀、外圆车刀、切槽刀、45°车刀、滚花刀 M0. 3、ϕ8 mm 铣刀及磁性表座。

3. 任务引导

（1）根据现有设备和精度要求制订手柄的加工工艺方案。

（2）如何正确进行平面的铣削？如何保证两个面的平行度？

（二）计划分工

1. 小组分工。

每 4～5 人为一小组，按角色分工配合完成任务。具体分工见表 3-1-1。

表 3-1-1　小组分工

小组信息	班级名称			日期	
	小组名称			组长姓名	
	岗位分工	汇报员	记录员	技术员	质检员
	成员姓名				

说明：组长负责组织协调工作，汇报员负责分享信息并进行项目讲解，质检员负责计时和录像，记录员负责记录工作过程和填写表格，技术员负责项目的操作实施。

2. 制订工作计划。

小组成员共同讨论工作计划，制订最优的加工工艺方案，编制工艺过程卡（表 3-1-2）。

表 3-1-2　工艺过程卡

××学校××技能教学实践基地	机械加工工艺过程卡片	产品型号		零件图号	005-01		
		产品名称	棘轮扳手	零件名称	手柄	共 7 页	第 1 页

材料牌号	45 钢	毛坯种类	圆钢	毛坯外形尺寸	ϕ30 mm×152 mm	每毛坯件数	1	每台件数	1	备注	

工序号	工序名称	工序内容	车间	工段	设备	工艺装备	工时	
							准终	单件
0	毛坯	下料 ϕ30 mm×152 mm，保证零件总长在 150 mm			锯床	直钢尺		
1	车工	粗车、精车左端面			普车	45°弯头车刀		
2	车工	粗车、精车 ϕ27 mm×37 mm 外圆，长度大于 37 mm			普车	90°外圆车刀、外径千分尺、游标卡尺		
3	车工	钻中心孔，用 ϕ5.8 mm 的麻花钻打 25 mm 的盲孔，铰孔 ϕ6 mm H7			普车	中心钻、ϕ5.8 mm 的麻花钻钻头，铰刀 ϕ6 mm H7 mm		
4	车工	工件夹在 ϕ27 mm 处，粗车右端外圆×L113 mm			普车	90°外圆车刀、外径千分尺、游标卡尺		
5	车工	精车 ϕ15 mm（外径减少约 0.3 mm），滚花，保证滚花段的长度在 86 mm			普车	M0.3 滚花刀		
6	车工	车削扳手尾部的 R7.5 的圆弧，工件调头			普车	圆弧车刀，R 规，R7.5 成形车刀		
7	铣工	采用分度头铣削扳手头部斜面及两个平面			普铣	万能分度头、游标卡尺、立铣刀		
8	去毛刺	去除全部毛刺			钳工台	锉刀		
9	检验	按图示要求检查			检验桌	外径千分尺、游标卡尺等		

										设计（日期）	审核（日期）	标准化（日期）	会签（日期）		
标记	处数	更改文件号	签字	日期	标记	处数	更改文件号	签字	日期						

（三）操作注意事项

1. 操作时务必穿好工作服，戴好工作帽及防护眼镜。

2. 工件表面滚花时，务必将外圆直径车小 1 倍模数 m。

3. 因为是细长轴，为保证光洁度，精车 ϕ15 mm 外圆要一夹一顶，同时必须提高转速。

4. 加工 ϕ6 mm H7 时，为保证同轴度，建议使用机铰，转速控制在 30 r/min 左右，加注足量切削液。如果需要在钳工台上完成孔的加工，建议钻孔及铰孔全部在钳工台上完成。

5. 进行平面铣削时，为保证两个表面的平行度，工件装夹时，表面要进行打表。

6. 最后要进行毛刺的修整。

7. 机床维护及保养。

（四）操作实施

根据各小组制订的工艺规程，进行操作加工。

要求：小组分工明确，全员参与，操作规范、安全。

（五）检查分享

1. 质量检测。

完成零件加工后，对照质量检测表（表 3-1-3）与实操的技术要点，在“学生自测”栏内填写“工件质量”栏中“检测项目”的自测结果，本组质检员进行抽测，其余项目由教师负责检测和评分。

表 3-1-3　手柄质量检测表

分类	序号	检测项目	检测内容	配分	学生自测	质检员检测	教师检测	得分
工件质量	1	外圆	ϕ15 mm	5				
	2	铰孔	ϕ6 mm H7 mm	15				
	3	滚花	M0.3	10				
	4	长度	150 mm、25 mm、86 mm	15				
	5	长度	10 mm、27 mm	20				
	6	角度	10°	10				
	7	圆弧	ϕ15 mm	10				
	8	零件外形	零件整体外形	5				
分类	序号	考核内容		配分	说明			得分
加工工艺	1	加工工艺方案的填写		2	加工工艺是否合理、高效			
	2	刀具与切削用量选择合理		2	刀具与切削用量 1 个不合理处扣 1 分			
现场操作规范	1	安全操作		2	违反 1 条操作规程扣 1 分			
	2	工量具的正确使用及摆放		2	工量具使用不规范或错误 1 处扣 1 分			
	3	设备的正确操作和维护保养		2	违反 1 条维护保养规程扣 1 分			
评分标准：尺寸和形状、位置精度按照 IT14，精度超差时扣该项目全部分，粗糙度降级，该项目不得分								
评分人			时间			总得分		

2. 成果分享。

由各小组对其工艺规程、加工零件进行分享及阐述。针对问题，教师及时进行现场指导与分析。

小组工作：根据上述阐述过程，记录问题所在及解决方法，突出要点，分享收获，以便提升总结能力。

任务二 扳身的加工

（一）课前准备

1. 按照工作计划完成线上学习任务。

（1）从网络课程接受任务，通过查询互联网、查阅图书馆资料等途径收集、分析有关信息，然后分组进行扳身（图 3-1-3）的工艺分析。

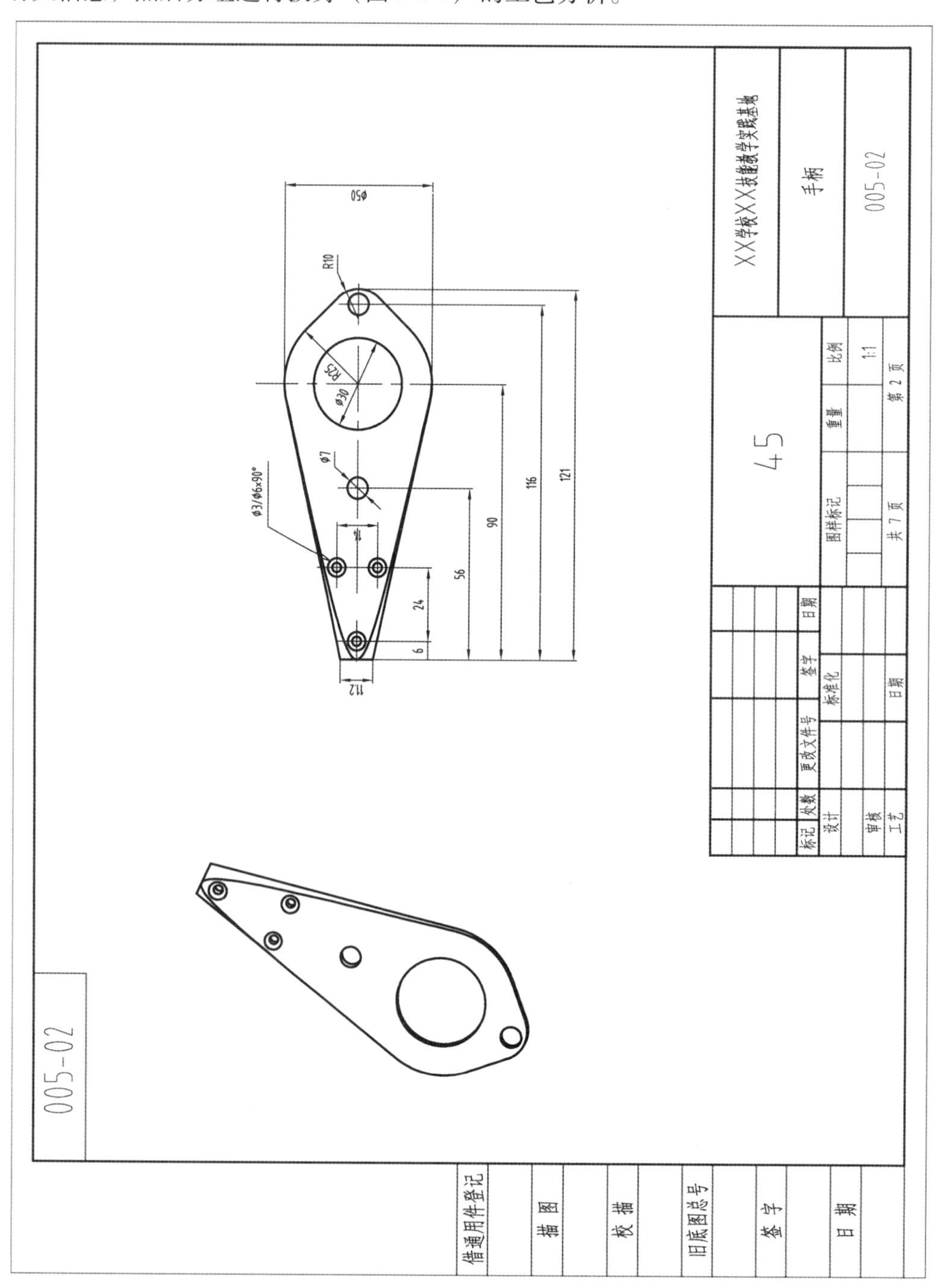

图 3-1-3 扳手零件图

（2）在网络讨论组内进行成果分享、交流与讨论。

2. 做好工作准备。

（1）量具：电子数显游标卡尺 1 把、钢直尺、R 规、5~30 mm 内测千分尺。

（2）材料：45 钢，尺寸为 125 mm×55 mm×2. 5 mm。

（3）工具：ϕ6 mm 铣刀，锪钻，ϕ26 mm 麻花钻、锉刀、ϕ6 mm H7 铰刀、划线平台等。

3. 任务引导。

（1）根据现有设备和精度要求制订扳身的加工工艺方案。

（2）如何保证扳身两部件几个孔的同轴度？

（二）计划分工

1. 小组分工。

每 4~5 人为一小组，按角色分工配合完成任务。具体分工见表 3-1-4。

表 3-1-4 小组分工

小组信息	班级名称			日期	
	小组名称			组长姓名	
	岗位分工	汇报员	记录员	技术员	质检员
	成员姓名				

说明：组长负责组织协调工作，汇报员负责分享信息并进行项目讲解，质检员负责计时和录像，记录员负责记录工作过程和填写表格，技术员负责项目的操作实施。

2. 制订工作计划。

小组成员共同讨论工作计划，制订最优的加工工艺方案，编制工艺过程卡（表 3-1-5）。

表 3-1-5　工艺过程卡

<table>
<tr><td colspan="2">××学校××技能教学实践基地</td><td colspan="3">机械加工工艺过程卡片</td><td>产品型号</td><td></td><td>零件图号</td><td>005-02</td><td colspan="2"></td></tr>
<tr><td colspan="2"></td><td colspan="3"></td><td>产品名称</td><td>棘轮扳手</td><td>零件名称</td><td>扳身</td><td>共 7 页</td><td>第 2 页</td></tr>
<tr><td colspan="2">材料牌号</td><td>45 钢</td><td>毛坯种类</td><td>板料</td><td>毛坯外形尺寸</td><td>125 mm×55 mm×2.5 mm</td><td>每毛坯件数</td><td>1</td><td>每台件数</td><td>2</td></tr>
<tr><td colspan="11">备注</td></tr>
<tr><td rowspan="2">工序号</td><td rowspan="2">工序名称</td><td rowspan="2">工序内容</td><td rowspan="2">车间</td><td rowspan="2">工段</td><td rowspan="2">设备</td><td rowspan="2" colspan="3">工艺装备</td><td colspan="2">工时</td></tr>
<tr><td>准终</td><td>单件</td></tr>
<tr><td>0</td><td>毛坯</td><td>下料 125 mm×55 mm×2.5 mm</td><td></td><td></td><td>锯床</td><td colspan="3">直钢尺</td><td></td><td></td></tr>
<tr><td>1</td><td>铣工</td><td>粗、精加工六面(两块料合并加工)至 120 mm×50 mm×2.5 mm</td><td></td><td></td><td>普铣</td><td colspan="3">机用平口钳、端铣刀或立铣刀、游标卡尺</td><td></td><td></td></tr>
<tr><td>2</td><td>钳工</td><td>画线,确定 6 个孔的位置</td><td></td><td></td><td>钳工台</td><td colspan="3">高度游标卡尺</td><td></td><td></td></tr>
<tr><td>2</td><td>铣工</td><td>孔的加工,钻孔 ϕ3 mm×L3 mm,锪孔 ϕ6 mm×L3 mm,保证中心距 14 mm,钻孔 ϕ7 mm</td><td></td><td></td><td>普铣</td><td colspan="3">机用平口钳、钻头、游标卡尺</td><td></td><td></td></tr>
<tr><td>3</td><td>铣工</td><td>孔的精加工 ϕ30 mm</td><td></td><td></td><td>普铣</td><td colspan="3">ϕ8 mm 立铣刀,数显卡尺,内径千分尺</td><td></td><td></td></tr>
<tr><td>4</td><td>划线</td><td>划线(去除多余的余量部分)</td><td></td><td></td><td>划线台</td><td colspan="3">高度游标卡尺</td><td></td><td></td></tr>
<tr><td>5</td><td>铣工</td><td>利用立铣刀或者是端铣刀铣除多余的余量部分</td><td></td><td></td><td>普铣</td><td colspan="3">立铣刀或端铣刀</td><td></td><td></td></tr>
<tr><td>6</td><td>钳工</td><td>利用锉刀磨出各种形状的 R10 及其他斜直线</td><td></td><td></td><td>钳工台</td><td colspan="3">锉刀</td><td></td><td></td></tr>
<tr><td>7</td><td>去毛刺</td><td>去除全部毛刺</td><td></td><td></td><td>钳工台</td><td colspan="3">锉刀</td><td></td><td></td></tr>
<tr><td>8</td><td>检验</td><td>按图示要求检查</td><td></td><td></td><td>检验桌</td><td colspan="3">外径千分尺、游标卡尺</td><td></td><td></td></tr>
<tr><td colspan="5"></td><td>设计(日期)</td><td>审核(日期)</td><td>标准化(日期)</td><td>会签(日期)</td><td colspan="2"></td></tr>
<tr><td colspan="5">标记　处数　更改文件号　签字　日期　标记　处数　更改文件号　签字　日期</td><td></td><td></td><td></td><td></td><td colspan="2"></td></tr>
</table>

（三）操作注意事项

1. 上机操作前按规定穿戴好劳动防护用品，同时戴好防护眼镜，女生必须将头发压入工作帽。

2. 为保证两块扳身各孔的同轴度，最好的办法就是两块板同时加工。

3. 锪孔时，确保两个孔的同轴度，锪孔深度要保证螺钉装入后，螺钉顶部低于工件表面 0.5 mm。

4. 在铣床上去除多余材料，在钳工台上进行余量的二次去除，划线要细致。

5. 去毛刺。

6. 机床维护及保养。

（四）操作实施

根据各小组制订的工艺规程进行操作加工。

要求：小组分工明确，全员参与，操作规范、安全。

（五）检查分享

1. 质量检测。

完成零件加工后，对照质量检测表（表 3-1-6）与实操的技术要点，在“学生自测”栏内填写“工件质量”栏中“检测项目”的自测结果，本组质检员进行抽测，其余项目由教师负责检测和评分。

表 3-1-6 扳身质量检测表

分类	序号	检测项目	检测内容	配分	学生自测	质检员检测	教师检测	得分
工件质量	1	孔	ϕ6 mm，3 个	30				
	2	孔	ϕ7 mm，2 个	20				
	3	孔	ϕ30 mm	5				
	4	长度	121 mm，5 个	10				
	5	长度	ϕ50 mm	5				
	6	表面粗糙度	*Ra*3.2	5				
	7	圆弧	R10、R25	10				
	8	零件外形	零件整体外形	5				
分类	序号	考核内容		配分	说明			得分
加工工艺	1	加工工艺方案的填写		2	加工工艺是否合理、高效			
	2	刀具与切削用量选择合理		2	刀具与切削用量 1 个不合理处扣 1 分			
现场操作规范	1	安全操作		2	违反 1 条操作规程扣 1 分			
	2	工量具的正确使用及摆放		2	工量具使用不规范或错误 1 处扣 1 分			
	3	设备的正确操作和维护保养		2	违反 1 条维护保养规程扣 1 分			
评分标准：尺寸和形状、位置精度按照 IT14，精度超差时扣该项目全部分，粗糙度降级，该项目不得分								
评分人			时间			总得分		

2. 成果分享。

由各小组对其工艺规程、加工零件进行分享及阐述。针对问题，教师及时进行现场指导与分析。

小组工作：根据上述阐述过程，记录问题所在以及解决方法，突出要点，分享收获，以便提升总结能力。

任务三　棘轮齿的加工

（一）课前准备

1. 按照工作计划完成线上学习任务。

（1）从网络课程接受任务，通过查询互联网、查阅图书馆资料等途径收集、分析有关信息，然后分组进行底座的工艺分析，如图 3-1-4 所示。

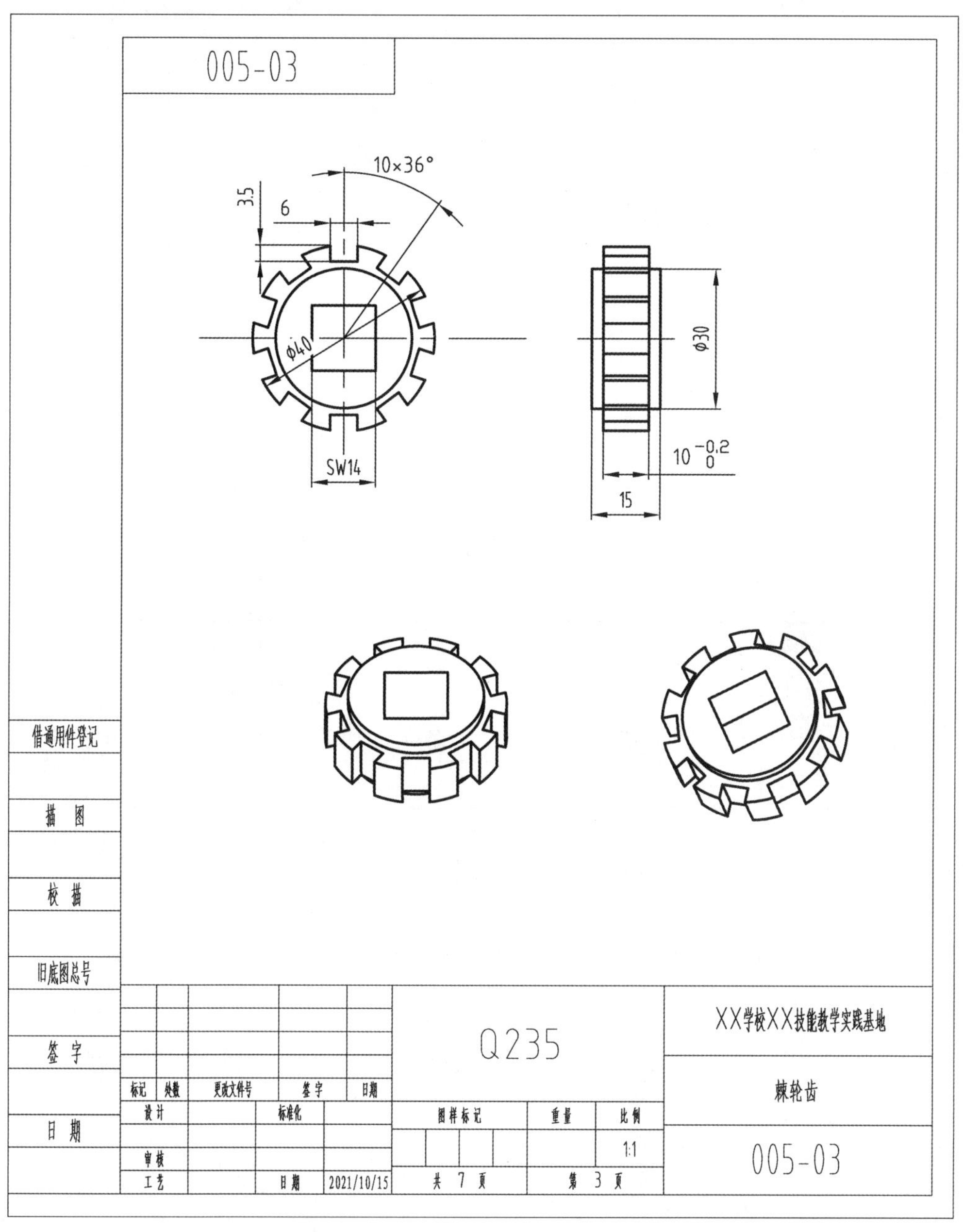

图 3-1-4　棘轮齿零件图

（2）在网络讨论组内进行成果分享、交流与讨论。

2. 做好工作准备。

（1）量具：电子数显游标卡尺 1 把、千分尺 25~50 mm、分度头。

（2）材料：Q235，尺寸为 ϕ45 mm×35 mm。

（3）工具：外圆车刀、切断刀、45°车刀、ϕ6 mm 铣刀、三角锉刀、榔头等。

3. 任务引导。

（1）根据现有设备和精度要求制订棘轮齿的加工工艺方案。

（2）如何正确进行齿面的分度加工？

（二）计划分工

1. 小组分工。

每 4~5 人为一小组，按角色分工配合完成任务。具体分工见表 3-1-7。

表 3-1-7　小组分工

小组信息	班级名称			日期	
	小组名称			组长姓名	
	岗位分工	汇报员	记录员	技术员	质检员
	成员姓名				

说明：组长负责组织协调工作，汇报员负责分享信息并进行项目讲解，质检员负责计时和录像，记录员负责记录工作过程和填写表格，技术员负责项目的操作实施。

2. 制订工作计划。

小组成员共同讨论工作计划，制订最优的加工工艺方案，编制工艺过程卡（表 3-1-8）。

表 3-1-8　工艺过程卡

××学校××技能教学实践基地	机械加工工艺过程卡片	产品型号		零件图号	005-03		
		产品名称	棘轮扳手	零件名称	棘轮齿	共 7 页	第 3 页

材料牌号	Q235	毛坯种类	棒料	毛坯外形尺寸	ϕ45 mm×35 mm	每毛坯件数	1	每台件数	1	备注	

工序号	工序名称	工序内容	车间	工段	设备	工艺装备	工时	
							准终	单件
0	毛坯	下料 ϕ45 mm×35 mm			锯床	直钢尺		
1	车工	车端面，钻中心孔，粗车、精车外圆 ϕ40 mm，ϕ30 mm，倒角，钻孔 ϕ10 mm			普车	外圆车刀、45°车刀、外径千分尺、ϕ10 mm 钻头		
2	车工	工件切断，调头装夹，车端面，粗车、精车外圆面 ϕ40 mm，ϕ30 mm，倒角			普车	切断刀、外圆车刀、45°弯头车刀、外径千分尺		
3	铣工	零件装夹在平口钳上，利用万能分度头铣削棘轮齿			加工中心	立铣刀、游标卡尺		
4	钳工	利用锉刀锉方形孔			钳工台	锉刀、游标卡尺		
5	钳工	去除全部毛刺			钳工台	锉刀、砂皮		
6	检验	按图示要求检查			检验桌	游标卡尺		

										设计（日期）	审核（日期）	标准化（日期）	会签（日期）		
标记	处数	更改文件号	签字	日期	标记	处数	更改文件号	签字	日期						

（三）操作注意事项

1. 上机操作前按规定穿戴好劳动防护用品，同时戴好防护眼镜，女生必须将头发压入工作帽。

2. 工件长度较短，在车削时要尽量保证装夹牢固。

3. 调头装夹后要进行工件的校正，保证同轴度。

4. 棘轮齿中间的方孔，要先划线确定方孔四边的定位尺寸，然后再进行锉削修磨，保证孔的中心位置。

5. 在加工中心上用分度头铣削时，要正确调试，确保各齿面对称。

6. 表面修整并检验。

7. 机床维护及保养。

（四）操作实施

根据各小组制订的工艺规程进行操作加工。

要求：小组分工明确，全员参与，操作规范、安全。

（五）检查分享

1. 质量检测。

完成零件加工后，对照质量检测表（表 3-1-9）与实操的技术要点，在“学生自测”栏内填写“工件质量”栏中“检测项目”的自测结果，本组质检员进行抽测，其余项目由教师负责检测和评分。

表 3-1-9　棘轮齿质量检测表

分类	序号	检测项目	检测内容	配分	学生自测	质检员检测	教师检测	得分
工件质量	1	外圆	ϕ40 mm、ϕ30 mm	20				
	2	方孔	14	20				
	3	倒角	1 mm×45°	5				
	4	长度	10 mm、15 mm	10				
	5	长度	3.5 mm、6 mm	20				
	6	表面粗糙度	*Ra*3.2	5				
	7	零件外形	零件整体外形	10				
分类	序号	考核内容		配分	说明			得分
加工工艺	1	加工工艺方案的填写		2	加工工艺是否合理、高效			
	2	刀具与切削用量选择合理		2	刀具与切削用量 1 个不合理处扣 1 分			
现场操作规范	1	安全操作		2	违反 1 条操作规程扣 1 分			
	2	工量具的正确使用及摆放		2	工量具使用不规范或错误 1 处扣 1 分			
	3	设备的正确操作和维护保养		2	违反 1 条维护保养规程扣 1 分			
评分标准：尺寸和形状、位置精度按照 IT14，精度超差时扣该项目全部分，粗糙度降级，该项目不得分								
评分人			时间			总得分		

2. 成果分享。

由各小组对其工艺规程、加工零件进行分享及阐述。针对问题，教师及时进行现场指导与分析。

小组工作：根据上述阐述过程，记录问题所在以及解决方法，突出要点，分享收获，以便提升总结能力。

任务四　棘爪的加工

（一）课前准备

1. 按照工作计划完成线上学习任务。

（1）从网络课程接受任务，通过查询互联网、查阅图书馆资料等途径收集、分析有关信息，然后分组进行棘爪的工艺分析，如图 3-1-5 所示。

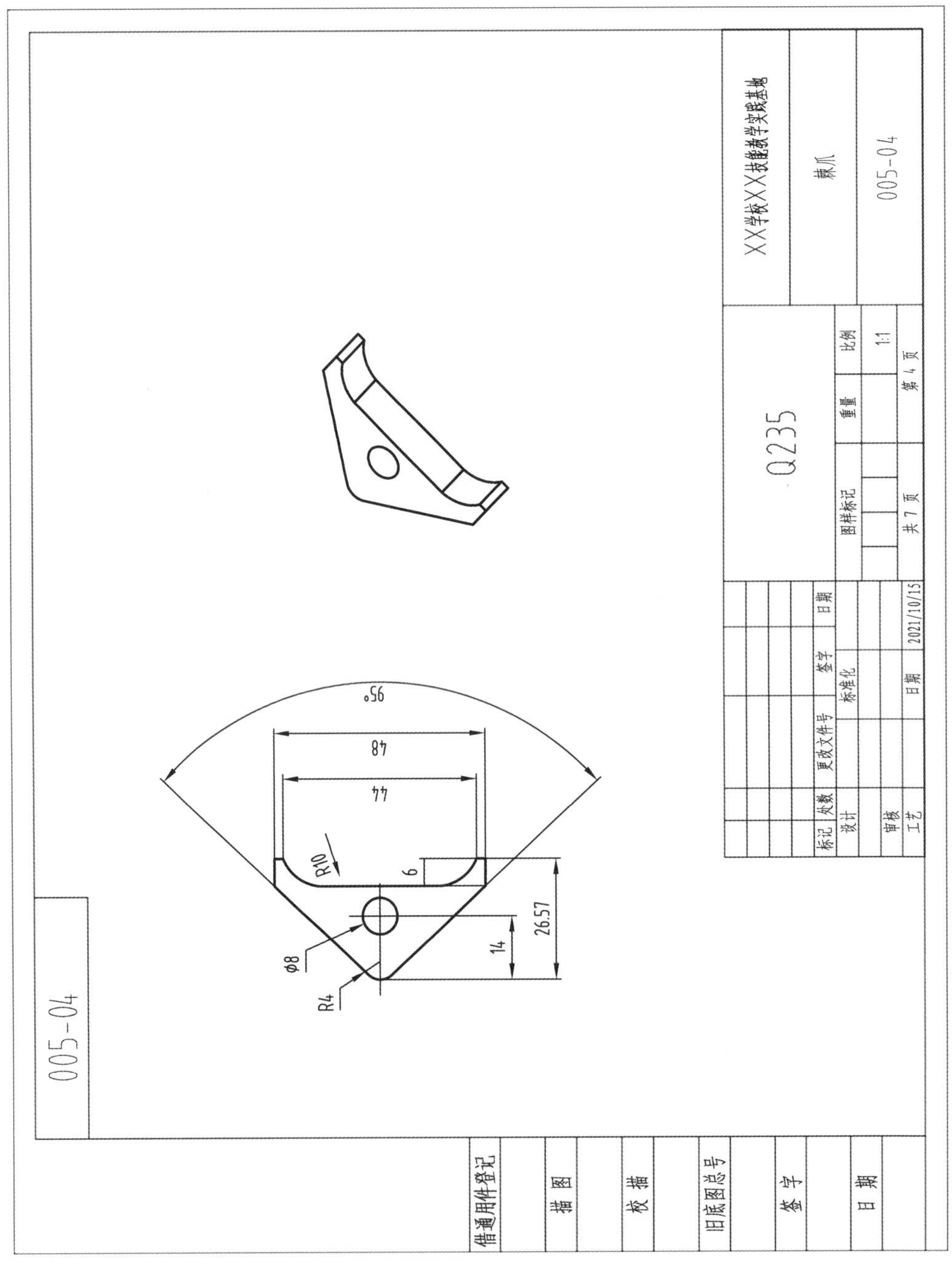

图 3-1-5　棘爪零件图

（2）在网络讨论组内进行成果分享、交流与讨论。

2. 做好工作准备。

（1）量具：电子数显游标卡尺、R 规各 1 把。

（2）材料：Q235 钢，尺寸为 30 mm×50 mm×10 mm。

（3）工具：ϕ6 mm 铣刀，ϕ7. 8 mm、ϕ8 mm H7 钻头，锉刀，榔头等。

3. 任务引导。

（1）根据现有设备和精度要求制订棘爪的加工工艺方案。

（2）如何保证棘爪的对称度以及表面的粗糙度？

（二）计划分工

1. 小组分工。

每 4~5 人为一小组，按角色分工配合完成任务。具体分工见表 3-1-10。

表 3-1-10　小组分工

小组信息	班级名称			日期	
	小组名称			组长姓名	
	岗位分工	汇报员	记录员	技术员	质检员
	成员姓名				

说明：组长负责组织协调工作，汇报员负责分享信息并进行项目讲解，质检员负责计时和录像，记录员负责记录工作过程和填写表格，技术员负责项目的操作实施。

2. 制订工作计划。

小组成员共同讨论工作计划，制订最优的加工工艺方案，编制工艺过程卡（表 3-1-11）。

表 3-1-11　工艺过程卡

××学校××技能教学实践基地	机械加工工艺过程卡片	产品型号		零件图号	005-04		
		产品名称	棘轮扳手	零件名称	棘爪	共 7 页	第 4 页
材料牌号	Q235	毛坯种类	锻件	毛坯外形尺寸	30 mm×50 mm×10 mm	每毛坯件数	1
每台件数	1	备注					

工序号	工序名称	工序内容	车间	工段	设备	工艺装备	工时 准终	工时 单件
0	毛坯	下料 30 mm×50 mm×10 mm			锯床	直钢尺		
1	铣工	粗铣、精铣六端面至 27 mm×48 mm×10 mm			普通铣床	端铣刀或立铣刀、游标卡尺		
2	划线	划线（去掉余量的部分），确定孔点位置			划线台	高度游标卡尺		
3	钳工	用样冲进行打眼			钳工台	锤子、瞄针		
4	钻孔	用 ϕ7.8 mm 钻头打孔（先用中心钻定位）			钻床	ϕ7.8 mm 麻花钻		
5	铣工	铣去划线部分的余量			普铣	端铣刀或立铣刀、游标卡尺		
6	钳工台	锉削各表面及 R4、R10 圆弧			钳工台	锉刀、R 规		
7	去毛刺	去除全部毛刺			钳工台	锉刀		
8	检验	按图示要求检查			检验桌	外径千分尺、游标卡尺		

										设计（日期）	审核（日期）	标准化（日期）	会签（日期）		
标记	处数	更改文件号	签字	日期	标记	处数	更改文件号	签字	日期						

（三）操作注意事项

1. 上机操作前按规定穿戴好劳动防护用品，同时戴好防护眼镜，女生必须将头发压入工作帽。

2. 毛坯铣削第一步是关键，保证 2 个基准面，而不是先划线。

3. 棘爪的孔用于销钉定位，位置不能有误差。

4. 去毛刺。

5. 完成工件并检验。

6. 机床维护及保养。

（四）操作实施

根据各小组制订的工艺规程进行操作加工。

要求：小组分工明确，全员参与，操作规范、安全。

（五）检查分享

1. 质量检测。

完成零件加工后，对照质量检测表（表 3-1-12）与实操的技术要点，在“学生自测”栏内填写“工件质量”栏中“检测项目”的自测结果，本组质检员进行抽测，其余项目由教师负责检测和评分。

表 3-1-12 棘爪质量检测表

<table>
<tr><th>分类</th><th>序号</th><th>检测项目</th><th>检测内容</th><th>配分</th><th>学生自测</th><th>质检员检测</th><th>教师检测</th><th>得分</th></tr>
<tr><td rowspan="7">工件质量</td><td>1</td><td>内孔</td><td>ϕ8 mm</td><td>20</td><td></td><td></td><td></td><td></td></tr>
<tr><td>2</td><td>圆角</td><td>R10、R4</td><td>20</td><td></td><td></td><td></td><td></td></tr>
<tr><td>3</td><td>倒角</td><td>1 mm×45°</td><td>5</td><td></td><td></td><td></td><td></td></tr>
<tr><td>4</td><td>孔距</td><td>14 mm</td><td>10</td><td></td><td></td><td></td><td></td></tr>
<tr><td>5</td><td>长度</td><td>48 mm、6 mm</td><td>20</td><td></td><td></td><td></td><td></td></tr>
<tr><td>6</td><td>表面粗糙度</td><td>Ra3. 2</td><td>5</td><td></td><td></td><td></td><td></td></tr>
<tr><td>7</td><td>零件外形</td><td>零件整体外形</td><td>10</td><td></td><td></td><td></td><td></td></tr>
<tr><th>分类</th><th>序号</th><th colspan="2">考核内容</th><th>配分</th><th colspan="3">说明</th><th>得分</th></tr>
<tr><td rowspan="2">加工工艺</td><td>1</td><td colspan="2">加工工艺方案的填写</td><td>2</td><td colspan="3">加工工艺是否合理、高效</td><td></td></tr>
<tr><td>2</td><td colspan="2">刀具与切削用量选择合理</td><td>2</td><td colspan="3">刀具与切削用量 1 个不合理处扣 1 分</td><td></td></tr>
<tr><td rowspan="3">现场操作规范</td><td>1</td><td colspan="2">安全操作</td><td>2</td><td colspan="3">违反 1 条操作规程扣 1 分</td><td></td></tr>
<tr><td>2</td><td colspan="2">工量具的正确使用及摆放</td><td>2</td><td colspan="3">工量具使用不规范或错误 1 处扣 1 分</td><td></td></tr>
<tr><td>3</td><td colspan="2">设备的正确操作和维护保养</td><td>2</td><td colspan="3">违反 1 条维护保养规程扣 1 分</td><td></td></tr>
<tr><td colspan="9">评分标准：尺寸和形状、位置精度按照 IT14，精度超差时扣该项目全部分，粗糙度降级，该项目不得分</td></tr>
<tr><td>评分人</td><td colspan="2"></td><td>时间</td><td colspan="2"></td><td>总得分</td><td colspan="2"></td></tr>
</table>

2. 成果分享。

由各小组对其工艺规程、加工零件进行分享及阐述。针对问题，教师及时进行现场指导与分析。

小组工作：根据上述阐述过程，记录问题所在以及解决方法，突出要点，分享收获，以便提升总结能力。

任务五　销轴、顶针的加工

（一）课前准备

1. 按照工作计划完成线上学习任务。

（1）从网络课程接受任务，通过查询互联网、查阅图书馆资料等途径收集、分析有关信息，然后分组进行销轴、顶针的工艺分析，如图 3-1-6、图 3-1-7 所示。

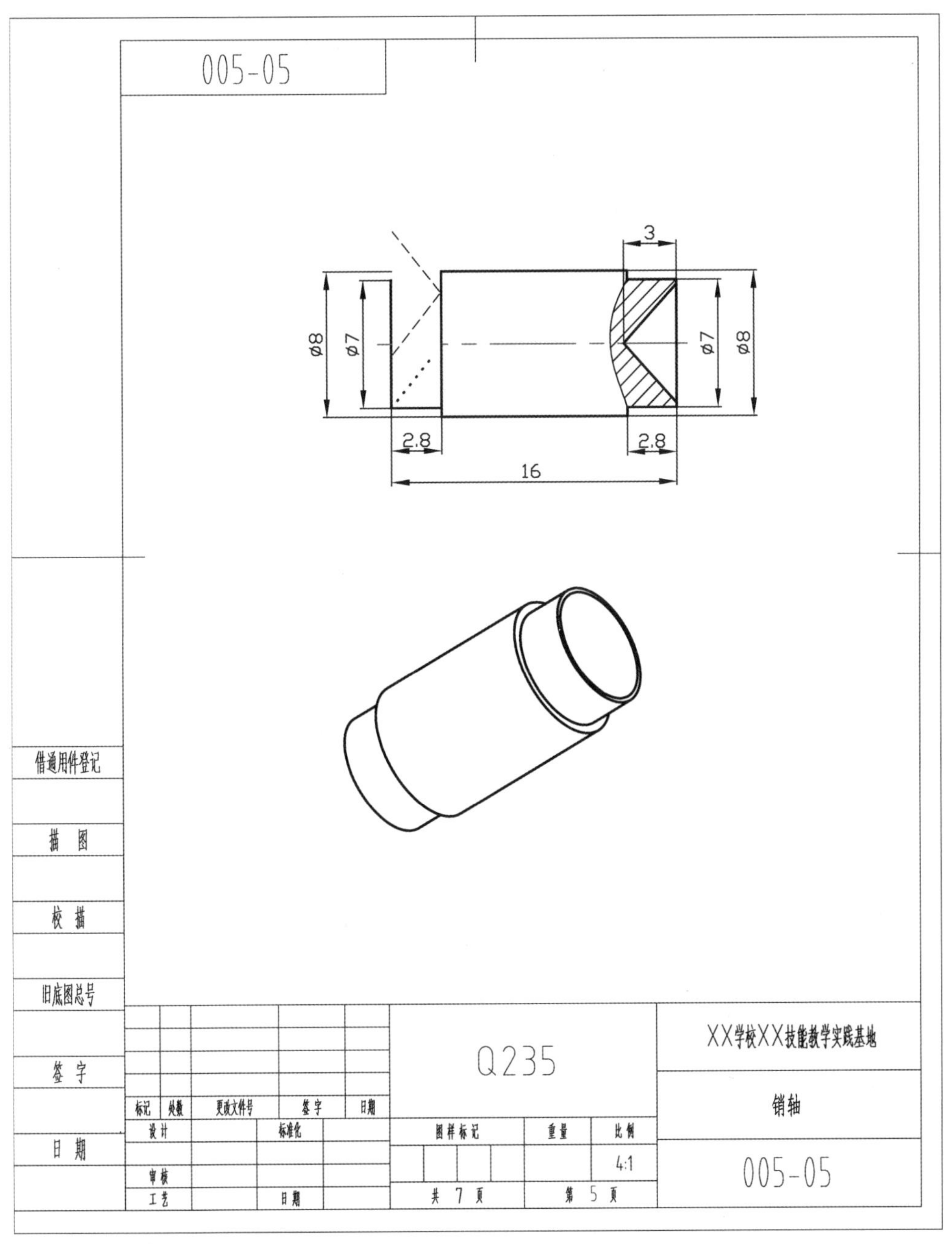

图 3-1-6　销轴零件图

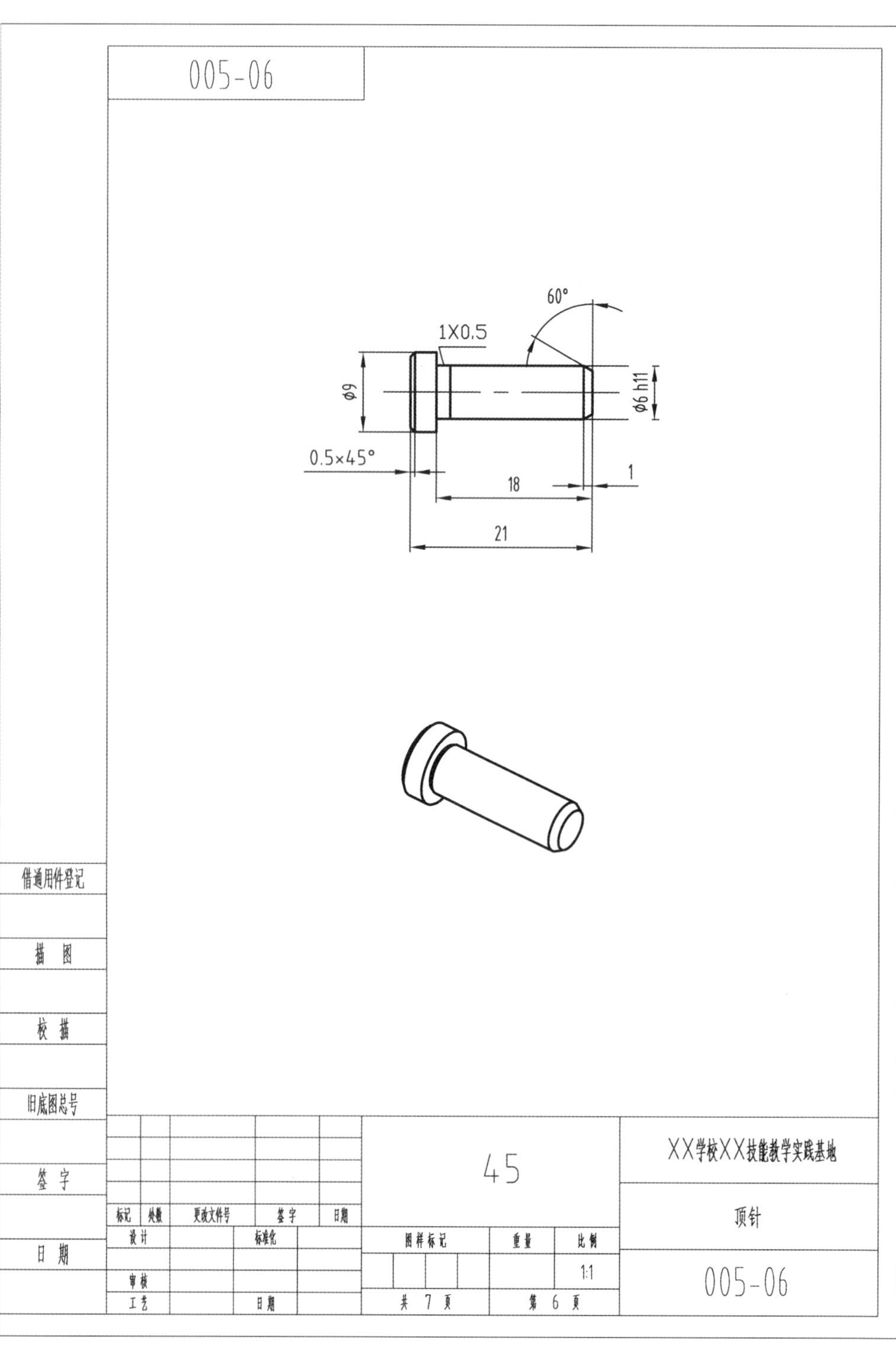

005-06
60°
1X0.5
φ9
φ6 h11
0.5×45°
18
1
21
借通用件登记
描 图
校 描
旧底图总号
签 字
日 期
标记
处数
更改文件号
签 字
日期
设 计
标准化
审 核
工 艺
日 期
45
图样标记
重 量
比 例
1:1
共 7 页
第 6 页
XX学校XX技能教学实践基地
顶针
005-06

图 3-1-7　顶针零件图

（2）在网络讨论组内进行成果分享、交流与讨论。

2. 做好工作准备。

（1）量具：电子数显游标卡尺 1 把、0~25 mm 千分尺。

（2）材料：45 钢，尺寸为 ϕ10 mm×25 mm、ϕ10 mm×18 mm。

（3）工具：外圆车刀、45°车刀，切断刀、中心钻。

3. 任务引导。

（1）根据现有设备和精度要求制订销轴及顶针的加工工艺方案。

（2）如何保证零件的光洁度？

（二）计划分工

1. 小组分工。

每 4~5 人为一小组，按角色分工配合完成任务。具体分工见表 3-1-13。

表 3-1-13 小组分工

小组信息	班级名称			日期	
	小组名称			组长姓名	
	岗位分工	汇报员	记录员	技术员	质检员
	成员姓名				

说明：组长负责组织协调工作，汇报员负责分享信息并进行项目讲解，质检员负责计时和录像，记录员负责记录工作过程和填写表格，技术员负责项目的操作实施。

2. 制订工作计划。

小组成员共同讨论工作计划，制订最优的加工工艺方案，编制工艺过程卡（表 3-1-14、表 3-1-15）。

表 3-1-14　工艺过程卡

××学校××技能教学实践基地	机械加工工艺过程卡片	产品型号		零件图号	005-05		
		产品名称	棘轮扳手	零件名称	销轴	共 7 页	第 5 页

材料牌号	45 钢	毛坯种类	圆钢	毛坯外形尺寸	ϕ12 mm×35 mm	每毛坯件数	1	每台件数	1	备注	

工序号	工序名称	工序内容	车间	工段	设备	工艺装备	工时 准终	工时 单件
0	毛坯	下料 ϕ12 mm×35 mm			锯床	直钢尺		
1	车工	装夹，伸出约 25 mm，平端面			普车	45°弯头车刀		
2	车工	粗车、精车外圆 ϕ8 mm，长度大于 16 mm，ϕ7 mm×2.8 mm 外圆			普车	45°车刀、90°外圆车刀、外径千分尺、游标卡尺		
3	车工	钻中心孔，倒角			普车	45°车刀、90°外圆车刀、外径千分尺、游标卡尺，中心钻		
4	车工	调头，切断，保证总长，粗车、精车 ϕ7 mm×2.8 mm 外圆，打孔，倒角			普车	45°车刀、90°外圆车刀、外径千分尺、游标卡尺，钻头、切断刀		
5	去毛刺	去除全部毛刺			钳工台	锉刀		
6	检验	按图示要求检查			检验桌	外径千分尺、游标卡尺		

										设计(日期)	审核(日期)	标准化(日期)	会签(日期)		
标记	处数	更改文件号	签字	日期	标记	处数	更改文件号	签字	日期						

表 3-1-15　工艺过程卡

××学校××技能教学实践基地		机械加工工艺过程卡片	产品型号		零件图号	005-06		
			产品名称	棘轮扳手	零件名称	顶针	共 7 页	第 6 页
材料牌号	45 钢	毛坯种类：圆钢	毛坯外形尺寸	ϕ12 mm×40 mm	每毛坯件数：1	每台件数：1	备注	
工序号	工序名称	工序内容	车间	工段	设备	工艺装备	工时	
							准终	单件
0	毛坯	下料 ϕ12 mm×40 mm			锯床	直钢尺		
1	车工	装夹，伸出约 25 mm，平端面			普车	45°车刀		
2	车工	粗车 ϕ9 mm 外圆，长度长于 21 mm，粗车 ϕ6×18 mm 外圆			普车	90°外圆车刀、外径千分尺、游标卡尺		
3	车工	精车 ϕ9 mm，ϕ6 mm×18 mm 外圆，倒角 0.5 mm×60°			普车	90°外圆车刀，45°车刀、外径千分尺、游标卡尺		
4	车工	切断，重新装夹，平端面，保证总长 21 mm，倒角			普车	切断刀，45 度车刀、游标卡尺		
5	去毛刺	去除全部毛刺			钳工台	锉刀		
6	检验	按图示要求检查			检验桌	外径千分尺、游标卡尺		

										设计(日期)	审核(日期)	标准化(日期)	会签(日期)		
标记	处数	更改文件号	签字	日期	标记	处数	更改文件号	签字	日期						

（三）操作注意事项

1. 上机操作前按规定穿戴好劳动防护用品，同时戴好防护眼镜，女生必须将头发压入工作帽。

2. 工件装夹要准确，防止加工时工件飞出。

3. 工件较小，要保证光洁度，在外圆加工过程中要提高转速。

4. 为保证装配效果，可以在顶针 $\phi 6$ 台阶处切一个窄槽。

5. 锐边都需要倒角，完成工件并检验。

6. 机床维护及保养。

（四）操作实施

根据各小组制订的工艺规程进行操作加工。

要求：小组分工明确，全员参与，操作规范、安全。

（五）检查分享

1. 质量检测。

完成零件加工后，对照质量检测表（表 3-1-16）与实操的技术要点，在“学生自测”栏内填写“工件质量”栏中“检测项目”的自测结果，本组质检员进行抽测，其余项目由教师负责检测和评分。

表 3-1-16　销轴、顶针质量检测表

分类	序号	检测项目	检测内容	配分	学生自测	质检员检测	教师检测	得分
工件质量	1	外圆	ϕ9 mm、ϕ6 mm，ϕ8 mm、ϕ7 mm	20				
	2	倒角	1 mm×45°	5				
	3	钻孔	钻孔	5				
	4	长度	21 mm、18 mm，2. 8 mm、16 mm	40				
	5	表面粗糙度	*Ra*3. 2	10				
	6	零件外形	零件整体外形	10				
分类	序号	考核内容		配分	说明			得分
加工工艺	1	加工工艺方案的填写		2	加工工艺是否合理、高效			
	2	刀具与切削用量选择合理		2	刀具与切削用量 1 个不合理处扣 1 分			
现场操作规范	1	安全操作		2	违反 1 条操作规程扣 1 分			
	2	工量具的正确使用及摆放		2	工量具使用不规范或错误 1 处扣 1 分			
	3	设备的正确操作和维护保养		2	违反 1 条维护保养规程扣 1 分			
评分标准：尺寸和形状、位置精度按照 IT14，精度超差时扣该项目全部分，粗糙度降级，该项目不得分								
评分人			时间			总得分		

2. 成果分享。

由各小组对其工艺规程、加工零件进行分享及阐述。针对问题，教师及时进行现场指导与分析。

小组工作：根据上述阐述过程，记录问题所在以及解决方法，突出要点，分享收获，以便提升总结能力。

任务六　棘轮扳手的装配

（一）课前准备

1. 按照工作计划完成线上学习任务。

（1）从网络课程接受任务，通过查询互联网、查阅图书馆资料等途径收集、分析有关信息，然后分组进行手柄的工艺分析，如图 3-1-8 所示。

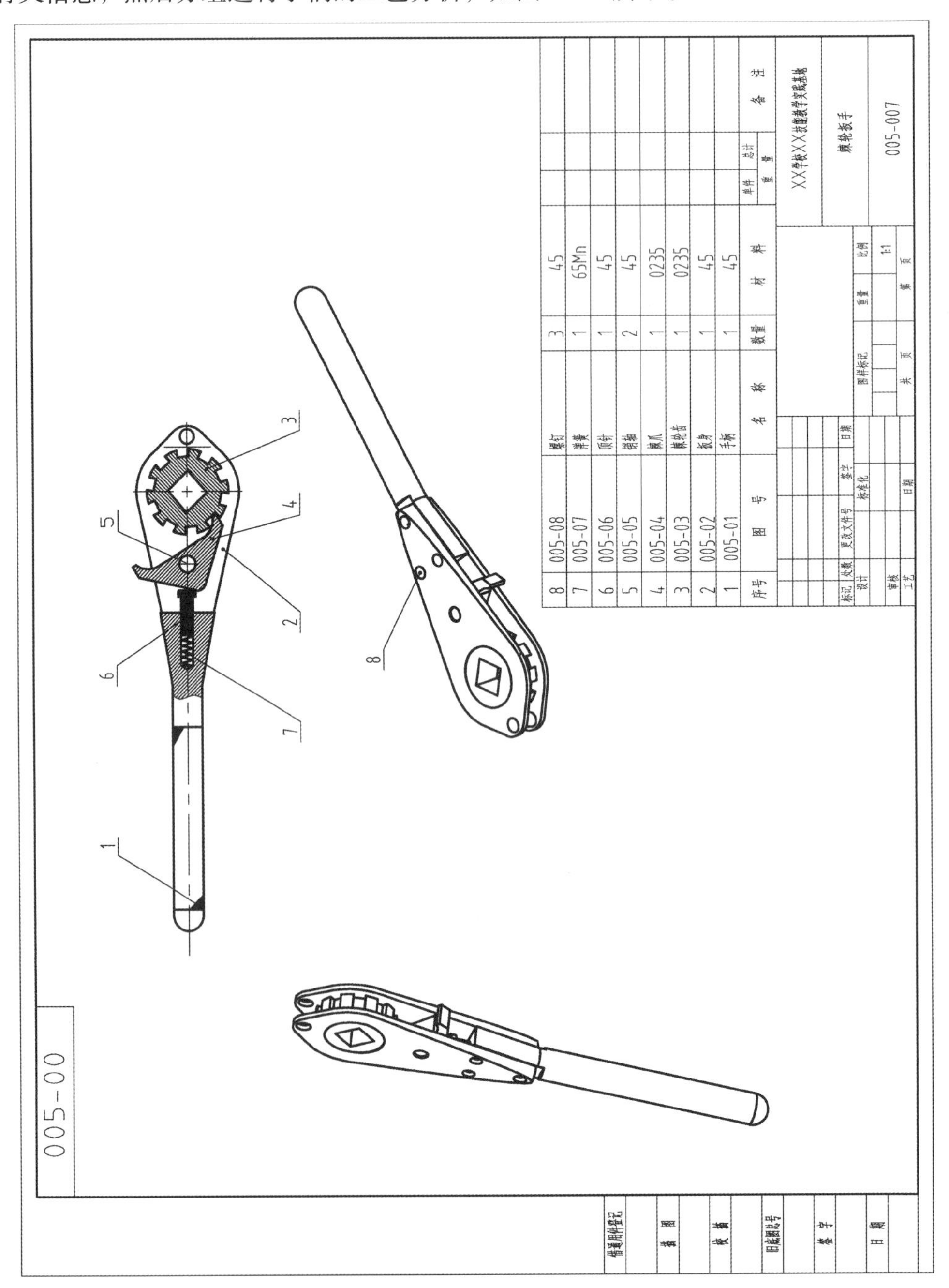

图 3-1-8　棘轮扳手装配图

（2）在网络讨论组内进行成果分享、交流与讨论。

2. 做好工作准备。

（1）量具：数显游标卡尺 1 把，0 ~ 25 mm、25 ~ 50 mm 千分尺，R 规，万能角度尺。

（2）材料：上述已加工的 6 个零件、螺钉若干、ϕ6 mm 弹簧、铆钉。

（3）工具：铜棒、榔头、螺丝刀、铆钉枪、锉刀等。

3. 任务引导。

棘轮扳手由手柄、扳身、棘轮齿、棘爪、销轴、顶针、螺钉、弹簧等 8 个部件组成，以现有的零件进行组装，注意安装的顺序。

（二）计划分工

1. 小组分工。

每 4~5 人为一小组，按角色分工配合完成任务。具体分工见表 3-1-17。

表 3-1-17　小组分工

小组信息	班级名称			日期	
	小组名称			组长姓名	
	岗位分工	汇报员	记录员	技术员	质检员
	成员姓名				

说明：组长负责组织协调工作，汇报员负责分享信息并进行项目讲解，质检员负责计时和录像，记录员负责记录工作过程和填写表格，技术员负责项目的操作实施。

2. 制订工作计划。

小组成员共同讨论工作计划，制订最优的加工工艺方案，编制工艺过程卡（表 3-1-18）。

表 3-1-18　装配工艺过程卡

序号	具体操作步骤	设备	工量具
步骤 1			
步骤 2			
步骤 3			
步骤 4			
步骤 5			
步骤 6			
步骤 7			
步骤 8			

（三）操作注意事项

1. 操作时务必穿好工作服，戴好工作帽和防护眼镜。
2. 孔轴配合时不可用蛮力，应该用铜棒轻轻敲击，以便稳定配合。
3. 先装扳身跟棘轮齿，接着将手柄固定，各个螺钉孔稍微施加力，使配合紧密。
4. 如遇装配不上，要适当调节各部件的位置。
5. 铆钉安装结束后要进行去毛刺处理。

（四）操作实施

根据各小组制订的工艺规程进行操作加工。

要求：小组分工明确，全员参与，操作规范、安全。

（五）检查分享

1. 质量检测。

完成装配后，对照质量检测表（表 3-1-19）与实操的技术要点，在“学生自测”栏内填写“装配质量”栏中“检测项目”的自测结果，本组质检员进行抽测，其余项目由教师负责检测和评分。

表 3-1-19 装配质量检测表

分类	序号	检测项目	检测内容	配分	学生自测	教师检测	得分
装配质量	1	棘轮扳手整体是否装配牢固	不应有移位、松动等	10			
	2	手柄与扳连接处是否紧固	不应有移位、松动等	10			
	3	扳手整体表面质量	不应有裂纹、毛刺、缺损、锈斑等影响外观和使用性能的缺陷	10			
	4	铆钉、螺钉连接处不松动	不能出现滑丝、错位	10			
	5	棘爪活动顺畅	转动不卡顿	10			
分类	序号	考核内容		配分	说明		得分
装配工艺	1	装配工艺方案的填写		10	装配工艺是否合理、高效		
	2	装配		10	工具使用 1 个不合理处扣 2 分		
现场操作规范	1	安全操作		10	违反 1 条操作规程扣 5 分		
	2	工量具的正确使用及摆放		10	工量具使用不规范或错误 1 处扣 2 分		
	3	设备的正确操作和维护保养		10	违反 1 条维护保养规程扣 2 分		
评分人		时间		总得分			

2. 成果分享。

由各小组对其工艺规程、加工零件进行分享及阐述。针对问题，教师及时进行现场指导与分析。

小组工作：根据上述阐述过程，记录问题所在以及解决方法，突出要点，分享收获，以便提升总结能力。

任务七　项目评价与拓展

项目任务工作评价内容见表 3-1-20。

表 3-1-20　项目任务工作评价表

<table>
<tr><td colspan="2">小组名</td><td colspan="2"></td><td>姓名</td><td></td><td>评价日期</td><td></td></tr>
<tr><td colspan="2">项目名称</td><td colspan="4"></td><td>评价时间</td><td></td></tr>
<tr><td colspan="2">否决项</td><td colspan="6">违反设备操作规程与安全环保规范，造成设备损坏或人身事故，该项目 0 分</td></tr>
<tr><td colspan="2">评价要素</td><td>配分</td><td colspan="3">等级与评分细则
（等级系数：A＝1，B＝0. 8，C＝0. 6，D＝0. 2，E＝0）</td><td>自我评价</td><td>小组评价</td><td>教师评价</td></tr>
<tr><td>1</td><td>课前准备</td><td>20</td><td colspan="3">A. 能正确查询资料，制订的工艺计划准确完美
B. 能正确查询信息，工艺计划有少量修改
C. 能查阅手册，工艺计划基本可行
D. 经提示会查阅手册，工艺计划有大缺陷
E. 未完成</td><td></td><td></td><td></td></tr>
<tr><td>2</td><td>项目工作计划</td><td>20</td><td colspan="3">A. 能根据工艺计划制订合理的工作计划
B. 能参考工艺计划，工作计划有小缺陷
C. 制订的工作计划基本可行
D. 制订了计划，有重大缺陷
E. 未完成</td><td></td><td></td><td></td></tr>
<tr><td>3</td><td>工作任务实施与检查</td><td>30</td><td colspan="3">A. 严格按工艺计划与工作规程实施计划，遇到问题能正确分析并解决，检查过程正常开展
B. 能认真实施技术计划，检查过程正常
C. 能实施保养与检查，过程正常
D. 保养、检查过程不完整
E. 未参与</td><td></td><td></td><td></td></tr>
<tr><td>4</td><td>安全环保意识</td><td>10</td><td colspan="3">A. 能严格遵守安全规范，及时保理处理工作垃圾，时刻注意观察安全隐患与环保因素
B. 能遵守各规范，有安全环保意识
C. 能遵守规范，实施过程安全正常
D. 安全环保意识淡薄
E. 无安全环保意识</td><td></td><td></td><td></td></tr>
<tr><td>5</td><td>综合素质考核</td><td>20</td><td colspan="3">A. 积极参与小组工作，按时完成工作页，全勤
B. 能参与小组工作，完成工作页，出勤率 90%以上
C. 能参与小组工作，出勤率 80%以上
D. 能参与工作，出勤率 80%以下
E. 未反映参与工作</td><td></td><td></td><td></td></tr>
<tr><td colspan="2">总分</td><td>100</td><td colspan="3">得分</td><td></td><td></td><td></td></tr>
<tr><td colspan="6">根据学生实际情况，由培训师设定三个项目评分的权重，如 3 ∶ 3 ∶ 4</td><td>30%</td><td>30%</td><td>40%</td></tr>
<tr><td colspan="6">加权后得分</td><td></td><td></td><td></td></tr>
<tr><td colspan="6">综合总分</td><td colspan="3"></td></tr>
</table>

学生签字：＿＿＿＿＿＿＿　　　　培训师签字：＿＿＿＿＿＿＿
（日期）　　　　　　　　　　　　（日期）

四、项目学习总结

谈谈自己在这个项目中收获到了哪些知识，重点写出不足及今后工作的改进计划。

五、扩展与提高

图 3-1-9 是企业实际广泛应用的一种棘轮扳手，经组装加工后，前端为四方孔，内嵌活动滚珠只能向一个方向旋转，一般配合套管使用，非常方便，但它的棘轮有最大力矩。市面上比较知名的棘轮扳手品牌有“世达”“英格索兰”“吉多瑞”等。

请同学们结合图 3-1-9，自主设计棘轮扳手的结构并制订相应的加工工艺方案。

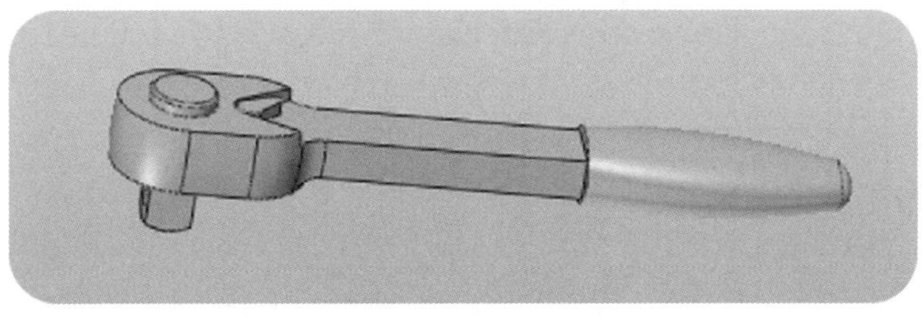

图 3-1-9　棘轮扳手

六、相关理论知识

相关理论知识参见《机械基础》《机械制造工艺与夹具》《车工工艺与技能训练》等。

项目二　飞轮发动机的加工

一、项目描述

本项目是根据飞轮发动机的装配图和零件图，分析组成零件的加工工艺，制作专用夹具，对原材料进行下料、四轴铣削、车削、点孔及钻孔、锪空等数控技能训练，完成零件的加工、检测和装配。该飞轮发动机（图 3-2-1）由底座、机身、底架、活塞、工艺轴、连杆、盖板、飞轮、凸轮等部分组成，参与者将针对以上内容加工的重点、难点及加工过程中的问题进行分析和讨论。

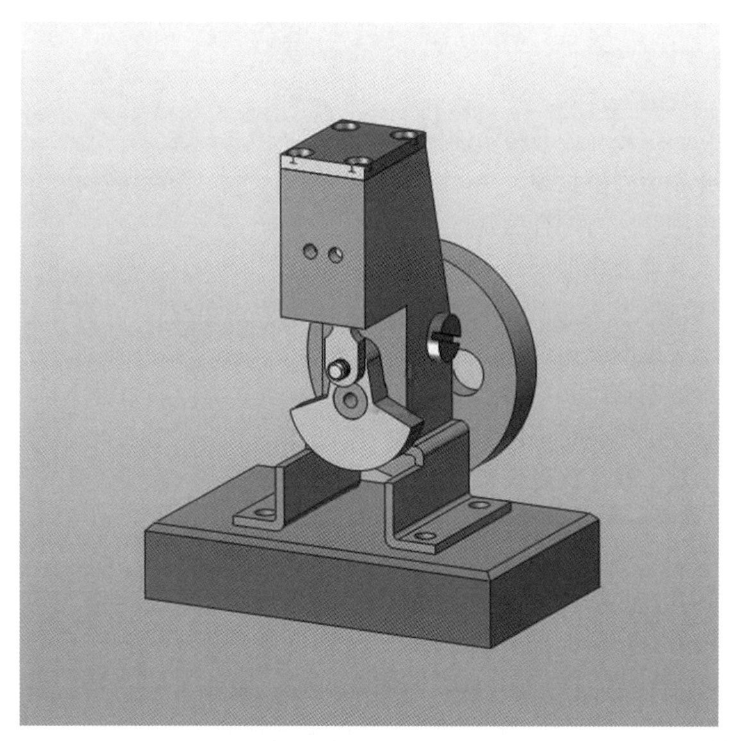

图 3-2-1　飞轮发动机

在本项目的工作任务中，我们将学会根据加工零件的特点制作专用的夹具；熟悉加工工艺分析与方案制订，掌握数控车、铣（三、四轴）操作中车削轴类零件、铣削平面、钻、铰、攻丝及折板的基本操作方法，保证基准面与其他加工面垂直度和平行度的要求，保证孔与孔间的中心距；学会根据图纸查阅机械手册，拟定工艺路线，加工出成品并进行检测与装配；在完成以上任务后学会调试运行的方法。

二、项目提示

（一）工作方法

1. 根据任务描述，通过线上学习与讨论进行零件图的工艺分析，通过查询互联网、查阅图书馆资料等途径收集、分析有关信息。

2. 以小组讨论的形式完成工作计划。

3. 按照工作计划，完成小组成员分工。

4. 对于出现的问题，请先自行解决，如确实无法解决，再寻求帮助。

5. 与指导教师讨论，进行学习总结。

（二）工作内容

1. 工作过程按照“五步法”实施。

2. 认真回答引导问题，仔细填写相关表格。

3. 小组合作分析任务，根据使用设备的特点设计凸轮、活塞及飞轮的专用夹具。

4. 小组合作完成任务，对任务完成情况的评价应客观、全面。

5. 材料成本计算的方法。

6. 进行现场“7S”和“TPM”管理，并按照岗位安全操作规程进行操作。

（三）相关理论知识

1. 数控车、铣编程技术。

2. 锯、锉、钻、铰、攻数控实训操作要点。

3. 夹具设计相关理论知识。

4. 装配过程中公差与配合的要点。

5. 材料成本计算公式。

（四）知识储备

1. 零件图、装配图的识读。

2. 工艺规程的制订。

3. 认识刀具，了解其正确使用方法。

4. 车、铣、钻、铰、攻数控实训编程及操作的方法。

（五）注意事项与安全环保知识

1. 熟悉各实训设备的正确使用方法。

2. 完成实训并经教师检查评估后，关闭电源，清扫工作台，将工具归位。

3. 请勿在没有确认装夹好工件之前启动实训设备。

4. 实训结束后，将工具及刀具放回原来位置，做好车间“7S”管理，做好垃圾分类。

三、项目实施过程

整个项目的实施过程可分为以下 8 个任务环节。

任务一 座架的加工

（一）课前准备

1. 按照工作计划完成线上学习任务。

（1）从网络课程接受任务，通过查询互联网、查阅图书馆资料等途径收集、分析有关信息，然后分组进行项目零件图的工艺分析，如图 3-2-2 所示。

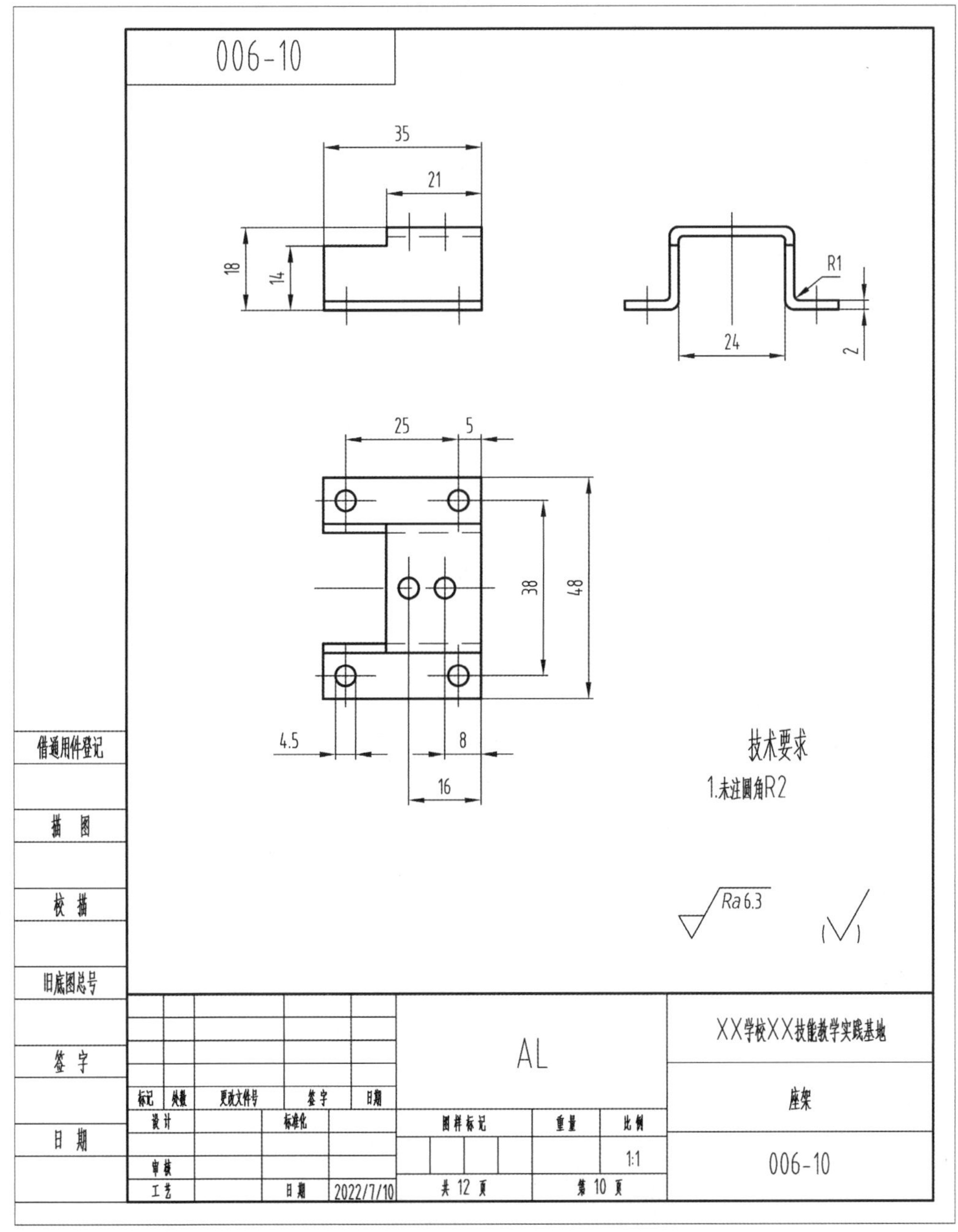

图 3-2-2 座架零件图

（2）在网络讨论组内进行成果分享、交流与讨论。

2. 做好工作准备。

（1）量具：电子数显游标卡尺 1 把、R 规、刀口角尺等。

（2）材料：AL，尺寸为 2 mm×36 mm×80 mm。

（3）工具：钢直尺、划针、錾子、榔头等。

（4）刀具：锯弓，ϕ4. 4 mm、ϕ8. 6 mm 麻花钻，修毛刺刀。

3. 任务引导。

（1）根据现有设备和精度要求制订各零件图的加工工艺方案。

（2）根据装配图分析座架配合的特点。

（二）计划分工

1. 小组分工。

每 4~5 人为一小组，按角色分工配合完成任务。具体分工见表 3-2-1。

表 3-2-1　小组分工

小组信息	班级名称			日期	
	小组名称			组长姓名	
	岗位分工	汇报员	记录员	技术员	质检员
	成员姓名				

说明：组长负责组织协调工作，汇报员负责分享信息并进行项目讲解，质检员负责计时和录像，记录员负责记录工作过程和填写表格，技术员负责项目的操作实施。

2. 制订工作计划。

小组成员共同讨论工作计划，制订最优的加工工艺方案，编制工艺过程卡（表 3-2-2）。

表 3-2-2　工艺过程卡

<table>
<tr><td rowspan="2">××学校××技能
教学实践基地</td><td rowspan="2" colspan="3">机械加工工艺过程卡片</td><td>产品型号</td><td></td><td>零件图号</td><td>006-10</td><td colspan="2"></td></tr>
<tr><td>产品名称</td><td>飞轮发动机</td><td>零件名称</td><td>座架</td><td>共 12 页</td><td>第 10 页</td></tr>
<tr><td>材料牌号</td><td>AL</td><td>毛坯种类</td><td>锻件</td><td>毛坯外形尺寸</td><td>2 mm×36 mm×80 mm</td><td>每毛坯件数</td><td>1</td><td>每台件数</td><td>1</td><td>备注</td><td></td></tr>
</table>

<table>
<tr><td rowspan="2">工序号</td><td rowspan="2">工序名称</td><td rowspan="2">工序内容</td><td rowspan="2">车间</td><td rowspan="2">工段</td><td rowspan="2">设备</td><td rowspan="2">工艺装备</td><td colspan="2">工时</td></tr>
<tr><td>准终</td><td>单件</td></tr>
<tr><td>0</td><td>毛坯</td><td>下料 2 mm×36 mm×80 mm</td><td></td><td></td><td>普通锯床</td><td>直钢尺</td><td></td><td></td></tr>
<tr><td>1</td><td>划线</td><td>划出距离是 25 mm×38 mm M4 的 4 个圆心节点与中间右基准起 8 mm、16 mm 的孔</td><td></td><td></td><td>量仪台</td><td>高度游标卡尺</td><td></td><td></td></tr>
<tr><td>2</td><td>冲眼</td><td>在划出距离是 25 mm×38 mm M4 的 4 个圆心节点与中间右基准起 8 mm、16 mm 的孔上进行冲眼</td><td></td><td></td><td>钳工台</td><td>锤子、瞄针</td><td></td><td></td></tr>
<tr><td>3</td><td>钻孔</td><td>在划出距离是 25 mm×38 mm M4 的 4 个圆心节点与中间右基准起 8 mm、16 mm 的孔上先用中心钻预钻孔，接着用 ϕ4.5 mm 的麻花钻钻头打通孔，最后用 45°锪钻锪孔，深度在 0.5 mm 左右</td><td></td><td></td><td>普通钻床</td><td>机用平口钳中心钻、ϕ4.5 mm 麻花钻、45°锪钻</td><td></td><td></td></tr>
<tr><td>4</td><td>折板</td><td>根据尺寸要求进行折板</td><td></td><td></td><td></td><td></td><td></td><td></td></tr>
<tr><td>5</td><td>去毛刺</td><td>去除全部毛刺</td><td></td><td></td><td>钳工台</td><td>锉刀</td><td></td><td></td></tr>
<tr><td>6</td><td>检验</td><td>按图示要求检查</td><td></td><td></td><td>检验桌</td><td>外径千分尺、游标卡尺</td><td></td><td></td></tr>
<tr><td></td><td></td><td></td><td></td><td></td><td></td><td></td><td></td><td></td></tr>
</table>

<table>
<tr><td></td><td></td><td></td><td></td><td></td><td></td><td></td><td></td><td></td><td></td><td>设计(日期)</td><td>审核(日期)</td><td>标准化(日期)</td><td>会签(日期)</td><td></td></tr>
<tr><td>标记</td><td>处数</td><td>更改文件号</td><td>签字</td><td>日期</td><td>标记</td><td>处数</td><td>更改文件号</td><td>签字</td><td>日期</td><td></td><td></td><td></td><td></td><td></td></tr>
</table>

（三）操作注意事项

1. 底座孔与底板 4 个螺纹孔的加工要配合来做，保证位置精度，满足配合的要求。

2. 座架加工时先折板后打孔，打孔套用专用夹具。

（四）操作实施

根据各小组制订的工艺规程进行操作加工。

要求：小组分工明确，全员参与，操作规范、安全。

（五）检查分享

1. 质量检测。

完成零件加工后，对照质量检测表（表 3-2-3）与实操的技术要点，在“学生自测”栏内填写“工件质量”栏中“检测项目”的自测结果，本组质检员进行抽测，其余项目由教师负责检测和评分。

表 3-2-3　座架质量检测表

分类	序号	检测项目	检测内容	配分	学生自测	质检员检测	教师检测	得分
工件质量	1	孔	6 mm×ϕ4. 5 mm	30				
	2	零件外形	35 mm、18 mm、48 mm	15				
	3	定位	38 mm、24 mm、16 mm、8 mm	15				
分类	序号	考核内容		配分	说明			得分
加工工艺	1	加工工艺方案的填写		5	加工工艺是否合理、高效			
	2	刀具与切削用量选择合理		5	刀具与切削用量 1 个不合理处扣 1 分			
现场操作规范	1	安全操作		10	违反 1 条操作规程扣 5 分			
	2	工量具的正确使用及摆放		10	工量具使用不规范或错误 1 处扣 2 分			
	3	设备的正确操作和维护保养		10	违反 1 条维护保养规程扣 2 分			
评分人			时间			总得分		

2. 成果分享。

由各小组对其工艺规程、加工零件、装配调试进行分享及问题解答。针对问题，教师及时进行现场指导与分析。

小组工作：按以上分享及解决的问题和新的收获做好记录，突出要点，以便提升总结能力。

任务二　底板的加工

（一）课前准备

1. 按照工作计划完成线上学习任务。

（1）从网络课程接受任务，通过查询互联网、查阅图书馆资料等途径收集、分析有关信息，然后分组进行项目零件图的工艺分析，如图 3-2-3 所示。

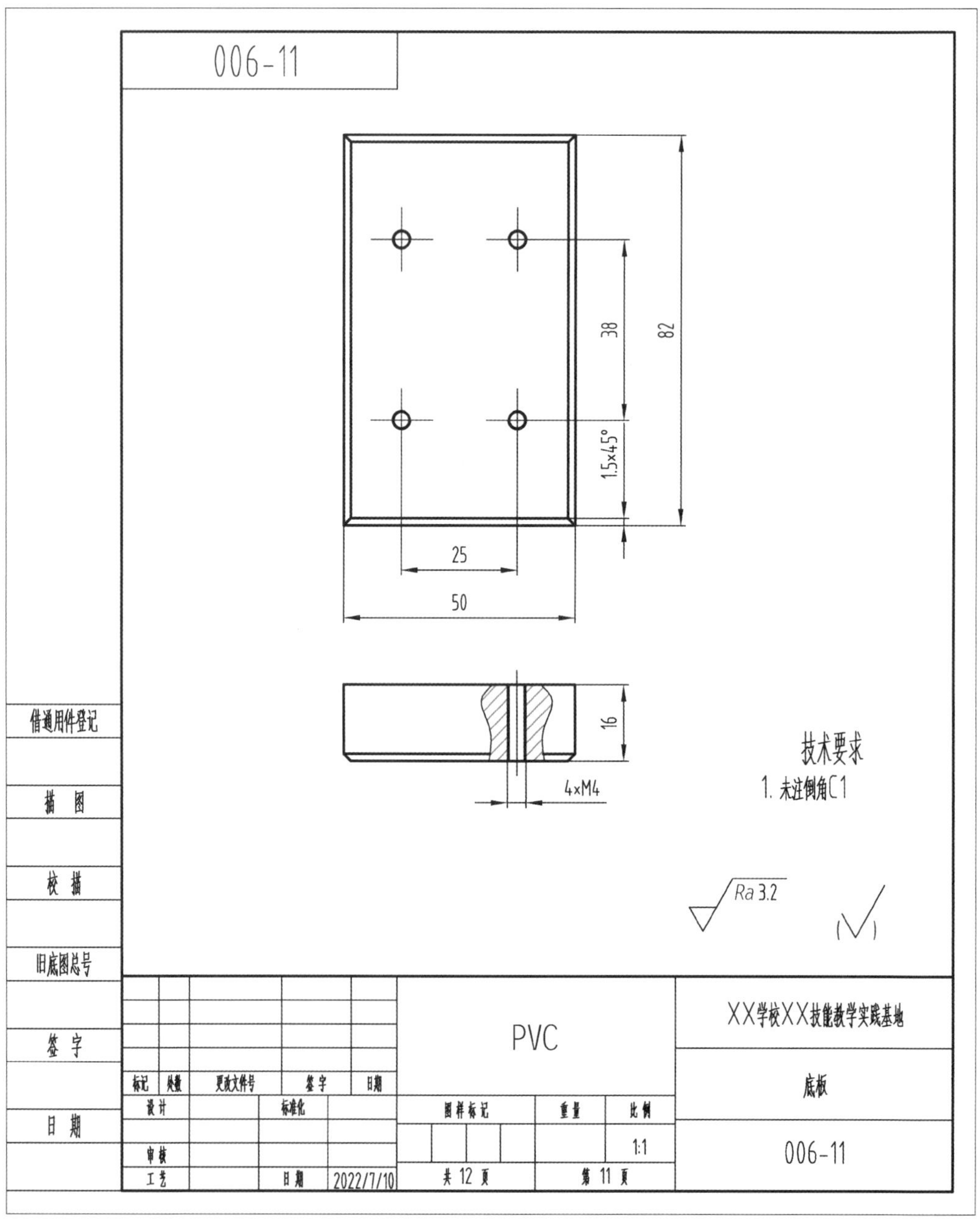

图 3-2-3　底板零件图

（2）在网络讨论组内进行成果分享、交流与讨论。

2. 做好工作准备。

（1）量具：电子数显游标卡尺 1 把，0~25 mm、25~50 mm 千分尺，刀口角尺等。

（2）材料：PVC，尺寸为 52 mm×18 mm×84 mm；螺栓 M4-20 mm。

（3）工具：内六角扳手（套）、钢直尺、錾子、榔头等。

（4）刀具：ϕ3. 2 mm、ϕ3. 3 mm 麻花钻，锉刀，M4 丝锥，倒角刀等。

3. 任务引导。

（1）根据现有设备和精度要求制订各零件图的加工工艺方案。

（2）根据装配图分析各零件之间配合的特点。

（二）计划分工

1. 小组分工。

每 4~5 人为一小组，按角色分工配合完成任务。具体分工见表 3-2-4。

表 3-2-4 小组分工

小组信息	班级名称			日期	
	小组名称			组长姓名	
	岗位分工	汇报员	记录员	技术员	质检员
	成员姓名				

说明：组长负责组织协调工作，汇报员负责分享信息并进行项目讲解，质检员负责计时和录像，记录员负责记录工作过程和填写表格，技术员负责项目的操作实施。

2. 制订工作计划。

小组成员共同讨论工作计划，制订最优的加工工艺方案，编制工艺过程卡（表 3-2-5）。

表 3-2-5 工艺过程卡

××学校××技能教学实践基地	机械加工工艺过程卡片		产品型号		零件图号	006-11		
			产品名称	飞轮发动机	零件名称	底板	共 10 页	第 11 页
材料牌号	PVC	毛坯种类	塑料	毛坯外形尺寸	52 mm×18 mm×84 mm	每毛坯件数 1	每台件数 1	备注

工序号	工序名称	工序内容	车间	工段	设备	工艺装备	工时	
							准终	单件
0	毛坯	下料 52 mm×18 mm×84 mm			普通锯床	直钢尺		
1	铣工	粗、精加工六面至 50 mm×16 mm×82 mm，并倒角			普铣	机用平口钳、游标卡尺、修边器（毛刺刀）、端铣刀		
2	划线	划出距离是 25 mm×38 mm M4 的 4 个圆心节点			量仪台	高度游标卡尺		
3	冲眼	在划出距离是 25 mm×38 mm M4 的 4 个圆心节点上进行冲眼			钳工台	锤子、瞄针		
4	钻孔	在划出距离是 25 mm×38 mm M4 的 4 个圆心节点上，先用中心钻预钻孔，接着用 ϕ3.2 mm 麻花钻钻通孔，最后用 45°锪钻锪孔，深度在 0.5 mm 左右			普通钻床	机用平口钳中心钻、ϕ3.2 mm 麻花钻、45°锪钻		
5	攻丝	用 M4 的丝锥攻丝			钳工台	M4 的丝锥		
6	锪孔	用 45°锪钻锪孔，深度 0.5 mm 左右			普钻	机用平口钳、45°锪钻		
7	去毛刺	去除全部毛刺			钳工台	锉刀		
8	检验	按图示要求检查			检验桌	外径千分尺、游标卡尺		

										设计（日期）	审核（日期）	标准化（日期）	会签（日期）		
标记	处数	更改文件号	签字	日期	标记	处数	更改文件号	签字	日期						

（三）操作注意事项

1. 底板 4 个螺纹孔的加工要与底座配合来做，保证位置精度，满足配合的要求。

2. 倒角加工要均匀，两个轴固定不动，一个轴做直线运动，确保倒角正确。

（四）操作实施

根据各小组制订的工艺规程进行操作加工。

要求：小组分工明确，全员参与，操作规范、安全。

（五）检查分享

1. 质量检测。

完成零件加工后，对照质量检测表（表 3-2-6）与实操的技术要点，在“学生自测”栏内填写“工件质量”栏中“检测项目”的自测结果，本组质检员进行抽测，其余项目由教师负责检测和评分。

表 3-2-6　座架质量检测表

分类	序号	检测项目	检测内容	配分	学生自测	质检员检测	教师检测	得分
工件质量	1	外形	50 mm×82 mm（±0. 1）	20				
	2	高度	16 mm（±0. 1）	10				
	3	螺纹	4-M4	20				
	4	倒角	C1. 5	10				
分类	序号	考核内容		配分	说明			得分
加工工艺	1	加工工艺方案的填写		5	加工工艺是否合理、高效			
	2	刀具与切削用量选择合理		5	刀具与切削用量 1 个不合理处扣 1 分			
现场操作规范	1	安全操作		10	违反 1 条操作规程扣 5 分			
	2	工量具的正确使用及摆放		10	工量具使用不规范或错误 1 处扣 2 分			
	3	设备的正确操作和维护保养		10	违反 1 条维护保养规程扣 2 分			
评分人			时间			总得分		

2. 成果分享。

由各小组对其工艺规程、加工零件、装配调试进行分享及问题解答。针对问题，教师及时进行现场指导与分析。

小组工作：按以上分享及解决的问题和新的收获做好记录；突出要点，以便提升总结能力。

任务三　活塞帽与飞轮轴的加工

（一）课前准备

1. 按照工作计划完成线上学习任务。

（1）从网络课程接受任务，通过查询互联网、查阅图书馆资料等途径收集、分析有关信息，然后分组进行项目零件图的工艺分析，如图 3-2-4、图 3-2-5 所示。

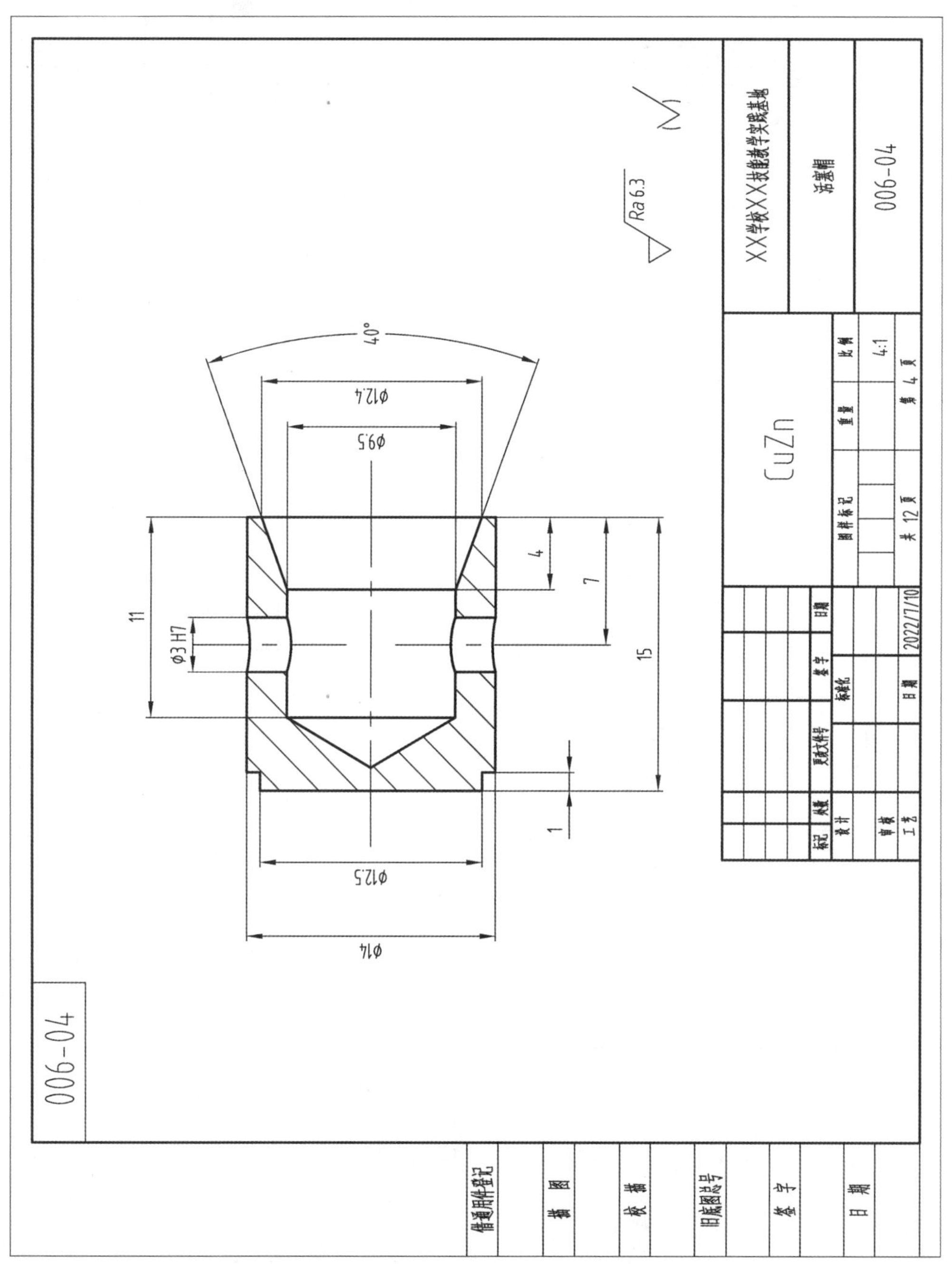

图 3-2-4　活塞帽零件图

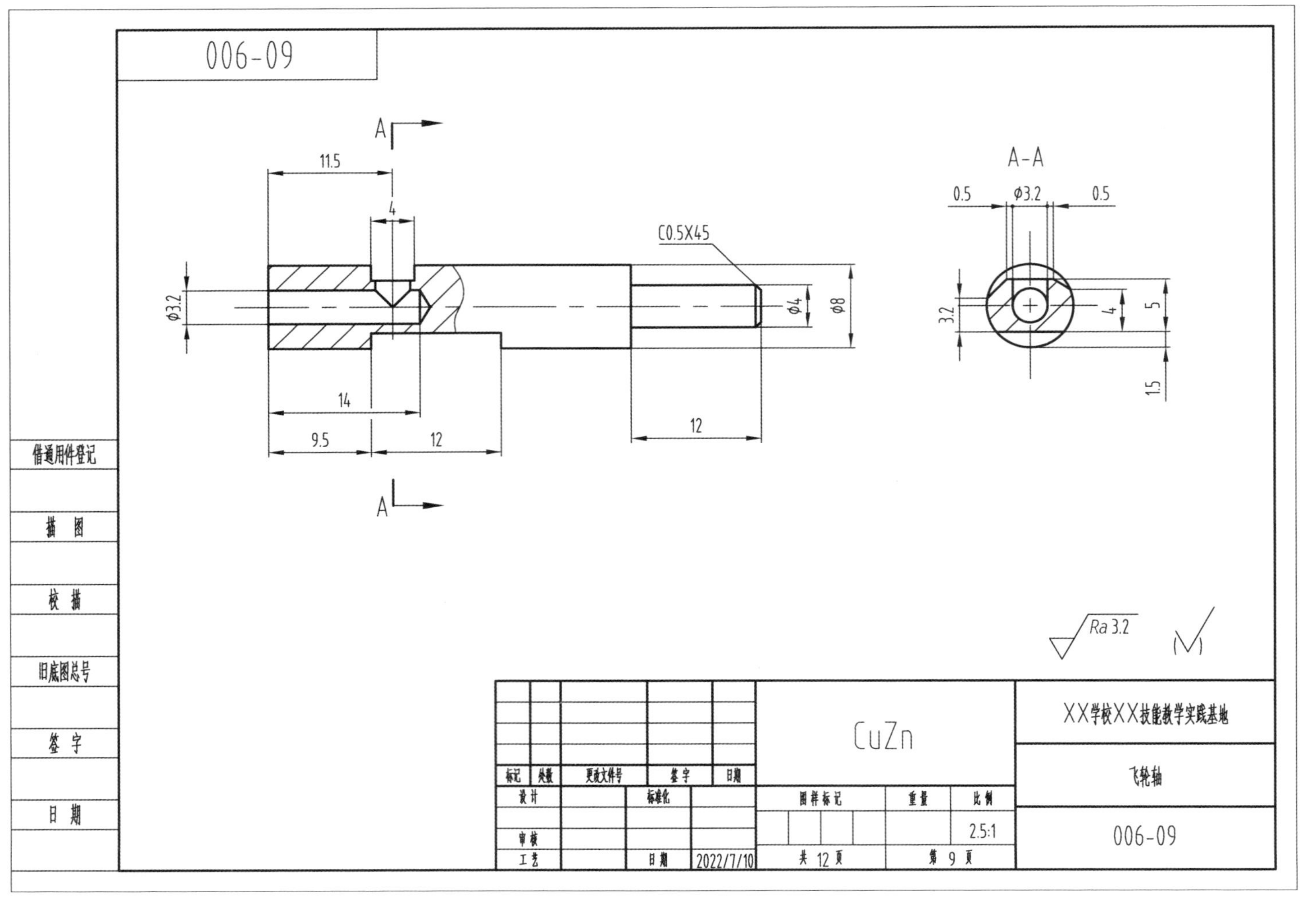

006-09
A-A
11.5
4
C0.5X45
φ3.2
φ4
φ8
14
9.5
12
12
0.5
φ3.2
0.5
3.2
4
5
1.5
Ra 3.2
借通用件登记
描图
校描
旧底图总号
签字
日期
标记
处数
更改文件号
签字
日期
设计
标准化
审核
工艺
日期
2022/7/10
CuZn
图样标记
重量
比例
2.5:1
共 12 页
第 9 页
XX学校XX技能教学实践基地
飞轮轴
006-09

图 3-2-5　飞轮轴零件图

（2）在网络讨论组内进行成果分享、交流与讨论。

2. 做好工作准备。

（1）量具：电子数显游标卡尺 1 把、0~25 mm 千分尺、深度尺、刀口角尺等。

（2）材料：CuZn，尺寸为 ϕ10 mm×80 mm、ϕ15 mm×18 mm。

（3）工具：内六角扳手（套）、ϕ3~14 mm 销等。

（4）刀具：外圆车刀，ϕ10 mm 立铣刀，3 mm 切槽刀，ϕ3.2 mm、ϕ3.3 mm、ϕ8.6、ϕ9.4 麻花钻，45°ϕ9 mm 锪钻，锉刀，ϕ3 mm H7 铰刀。

3. 任务引导。

（1）根据现有设备和精度要求制订各零件图的加工工艺方案。

（2）根据装配图分析各零件之间配合的特点。

（二）计划分工

1. 小组分工。

每 4~5 人为一小组，按角色分工配合完成任务。具体分工见表 3-2-7。

表 3-2-7　小组分工

小组信息	班级名称			日期	
	小组名称			组长姓名	
	岗位分工	汇报员	记录员	技术员	质检员
	成员姓名				

说明：组长负责组织协调工作，汇报员负责分享信息并进行项目讲解，质检员负责计时和录像，记录员负责记录工作过程和填写表格，技术员负责项目的操作实施。

2. 制订工作计划。

小组成员共同讨论工作计划，制订最优的加工工艺方案，编制工艺过程卡（表 3-2-8、表 3-2-9）。

表 3-2-8　工艺过程卡

××学校××技能教学实践基地	机械加工工艺过程卡片		产品型号		零件图号	006-04		
			产品名称	飞轮发动机	零件名称	活塞帽	共 12 页	第 4 页
材料牌号	CuZn	毛坯种类	锻件	毛坯外形尺寸	ϕ15 mm×18 mm	每毛坯件数	1	每台件数 1　备注
工序号	工序名称	工序内容	车间	工段	设备	工艺装备	工时 准终	工时 单件
0	毛坯	下料 ϕ15 mm×18 mm			普通锯床	直钢尺		
1	车工	粗、精加工左端面			普车	45°弯头车刀		
2	车工	粗、精加工 ϕ14 mm 外圆，长度是 16 mm			普车	45°弯头车刀、外径千分尺		
3	钻孔	点中心孔，用 ϕ9.5 mm 钻头钻孔			普车	中心钻、ϕ9.5 mm 麻花钻		
4	车工	用镗孔刀转过 20°车削锥度，长 4 mm			普车	镗孔车刀、游标卡尺		
5	车工	切断，保证总长在 15 mm，车削外圆 ϕ12.5 mm			普车	切槽车刀、外径千分尺、游标卡尺		
6	钻孔	利用专用夹具钻 ϕ3 mm 孔			普钻	专用夹具、ϕ3 mm 的麻花钻钻头		
7	钳工	去除毛刺			钳工台	机用平口钳、外径千分尺、游标卡尺、锉刀		
8	检验	按图示要求检查			检验桌	外径千分尺、游标卡尺		
				设计（日期）	审核（日期）	标准化（日期）	会签（日期）	
标记　处数　更改文件号　签字　日期	标记　处数　更改文件号　签字　日期							

表 3-2-9　工艺过程卡

××学校××技能教学实践基地	机械加工工艺过程卡片	产品型号		零件图号	006-09		
		产品名称	飞轮发动机	零件名称	飞轮轴	共 12 页	第 9 页

材料牌号	CuZn	毛坯种类	锻件	毛坯外形尺寸	ϕ10 mm×80 mm	每毛坯件数	1	每台件数	1	备注	

工序号	工序名称	工序内容	车间	工段	设备	工艺装备	工时	
							准终	单件
0	毛坯	下料 ϕ10 mm×80 mm			普通锯床	直钢尺		
1	车工	粗、精加工左端面			普车	45°弯头车刀		
2	车工	粗、精加工 ϕ8 mm 外圆，长度是 30 mm			普车	45°弯头车刀、外径千分尺		
3	钻孔	点中心孔，用 ϕ3.2 mm 钻头钻孔，孔深 14 mm			普车	中心钻、ϕ14 mm 麻花钻		
4	车工	粗、精加工右端面，保证总长			普车	45°弯头车刀、游标卡尺		
5	车工	粗、精加工 ϕ4 mm 外圆，保证长度在 12 mm，倒角 0.5 mm×45°			普车	45°弯头车刀、外径千分尺、游标卡尺		
6	铣工	利用万能分度头钻 ϕ4 mm 的孔			加工中心	万能分度头、ϕ4 mm 的麻花钻钻头		
7	铣工	利用万能分度头铣削槽，保证长度在 12 mm			加工中心	万能分度头		
8	钳工	去除毛刺			钳工台	机用平口钳、外径千分尺、游标卡尺、锉刀		
9	检验	按图示要求检查			检验桌	外径千分尺、游标卡尺		

										设计（日期）	审核（日期）	标准化（日期）	会签（日期）		
标记	处数	更改文件号	签字	日期	标记	处数	更改文件号	签字	日期						

（三）操作注意事项

1. 飞轮轴轴上平面要保证平行度要求，ϕ3.2 轴端孔要与 4 mm 平面孔贯通，保证气源通畅。

2. 保证活塞帽销孔与连杆孔的同轴度，钻孔采用两头定位分段加工。

3. 加工连杆圆弧面要防止连杆双头圆弧面与活塞帽孔形成干涉。

（四）操作实施

根据各小组制订的工艺规程进行操作加工。

要求：小组分工明确，全员参与，操作规范、安全。

（五）检查分享

1. 质量检测。

完成零件加工后，对照质量检测表（表 3-2-10）与实操的技术要点，在“学生自测”栏内填写“工件质量”栏中“检测项目”的自测结果，本组质检员进行抽测，其余项目由教师负责检测和评分。

表 3-2-10　活塞帽与飞轮轴质量检测表

分类	序号	检测项目	检测内容	配分	学生自测	质检员检测	教师检测	得分
工件质量	1	轴	ϕ8 mm H6	5				
	2		ϕ4 mm（±0.1）	5				
	3		ϕ3.2 mm	5				
	4		4 mm、12 mm	5				
	5		倒角	5				
	6		*Ra*3.2	5				
	7	孔	ϕ9.5 mm	5				
	8	锪孔	ϕ12.4 mm、20°	5				
		铰孔	ϕ3 mm H7	5				
		外圆	ϕ14 mm G6	5				
			1	5				
		总长	15 mm（±0.1）	5				
分类	序号	考核内容		配分	说明			得分
加工工艺	1	加工工艺方案的填写		5	加工工艺是否合理、高效			
	2	刀具与切削用量选择合理		5	刀具与切削用量 1 个不合理处扣 1 分			
现场操作规范	1	安全操作		10	违反 1 条操作规程扣 5 分			
	2	工量具的正确使用及摆放		10	工量具使用不规范或错误 1 处扣 2 分			
	3	设备的正确操作和维护保养		10	违反 1 条维护保养规程扣 2 分			
评分人			时间			总得分		

2. 成果分享。

由各小组对其工艺规程、加工零件、装配调试进行分享及问题解答。针对问题，教师及时进行现场指导与分析。

小组工作：按以上分享及解决的问题和新的收获做好记录，突出要点，以便提升总结能力。

任务四　盖板与连杆的加工

（一）课前准备

1. 按照工作计划完成线上学习任务。

（1）从网络课程接受任务，通过查询互联网、查阅图书馆资料等途径收集、分析有关信息，然后分组进行项目零件图的工艺分析，如图 3-2-6、图 3-2-7 所示。

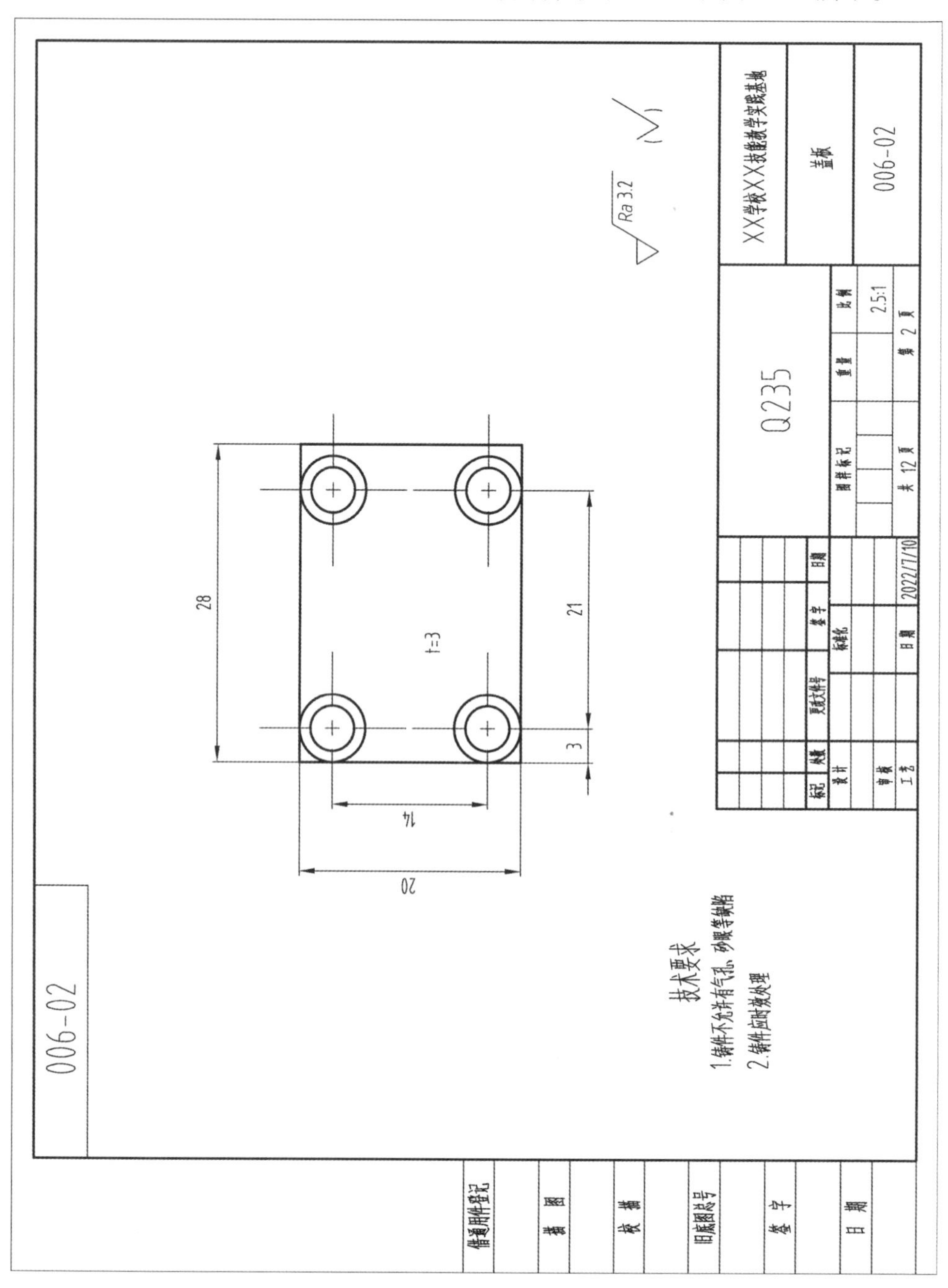

图 3-2-6　盖板零件图

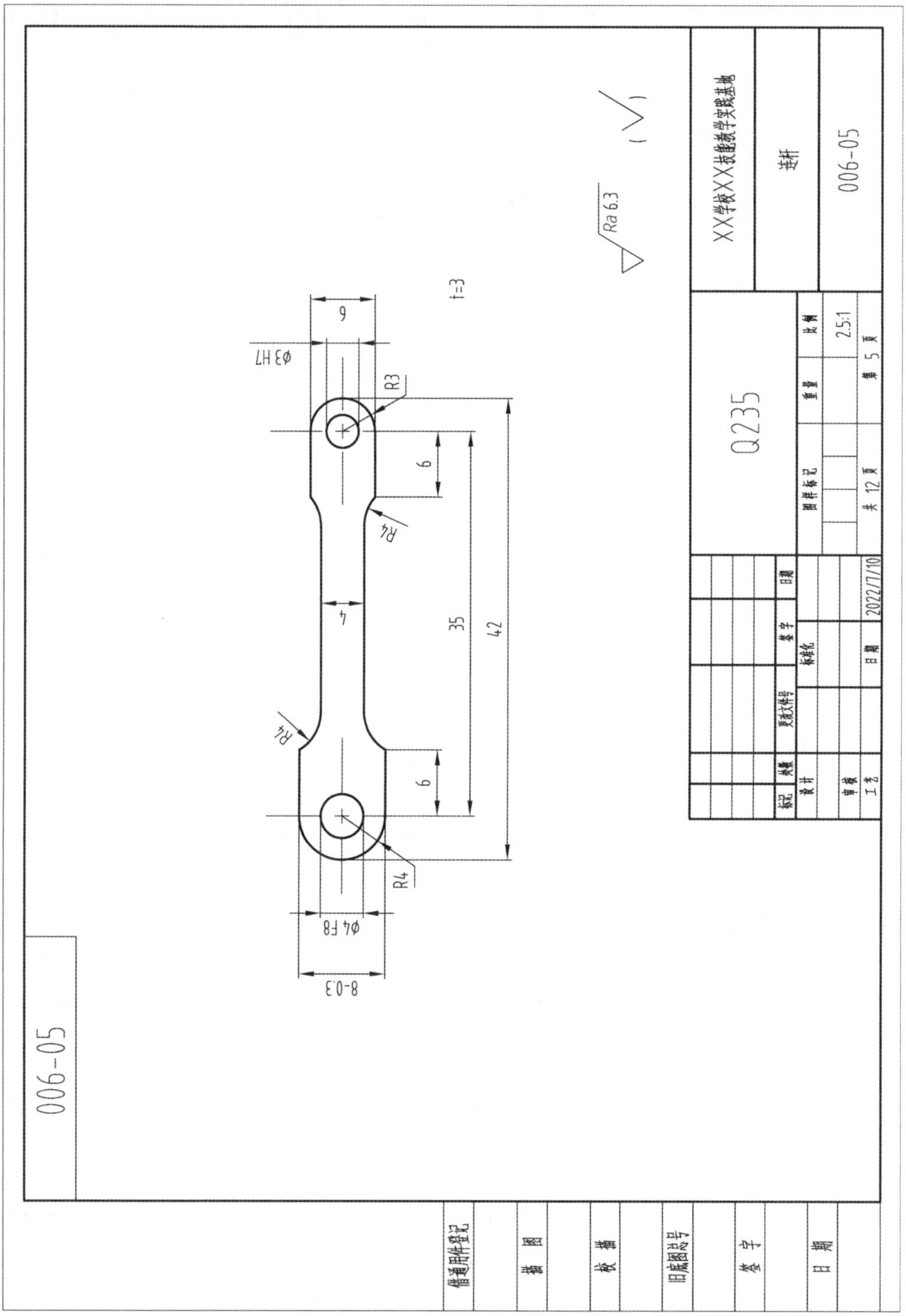

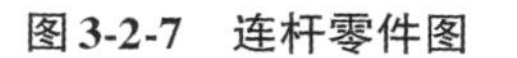
006-05
R4
φ3 H7
8-0.3
φ4 F8
4
6
R4
R3
6
6
35
42
t=3
Ra 6.3
借通用件登记
描 图
校 描
旧底图总号
签 字
日 期
Q235
XX学校XX技能教学实践基地
连杆
标记 处数 更改文件号 签字 日期
设计 标准化
审核
工艺 日期 2022/7/10
图样标记 重量 比例
2.5:1
共 12 页 第 5 页
006-05

图 3-2-7 连杆零件图

（2）在网络讨论组内进行成果分享、交流与讨论。

2. 做好工作准备。

（1）量具：电子数显游标卡尺 1 把，0~25 mm、25~50 mm 千分尺，R 规，刀口角尺等。

（2）材料：Q235，尺寸为 45 mm×10 mm×10 mm、30 mm×22 mm×5 mm。

（3）工具：内六角扳手（套）、钢直尺、錾子、榔头、螺栓 15 mm 等。

（4）刀具：ϕ10 mm 立铣刀，螺纹刀（销钉），ϕ3. 2 mm、ϕ3. 3 mm、ϕ8. 6 mm 麻花钻，45°ϕ9 mm 锪钻，锉刀，ϕ4 mm F8/ϕ3 mm H7 铰刀等。

3. 任务引导。

（1）根据现有设备和精度要求制订各零件图的加工工艺方案。

（2）根据装配图分析各零件之间配合的特点。

（二）计划分工

1. 小组分工。

每 4~5 人为一小组，按角色分工配合完成任务。具体分工见表 3-2-11。

表 3-2-11　小组分工

小组信息	班级名称			日期	
	小组名称			组长姓名	
	岗位分工	汇报员	记录员	技术员	质检员
	成员姓名				

说明：组长负责组织协调工作，汇报员负责分享信息并进行项目讲解，质检员负责计时和录像，记录员负责记录工作过程和填写表格，技术员负责项目的操作实施。

2. 制订工作计划。

小组成员共同讨论工作计划，制订最优的加工工艺方案，编制工艺过程卡（表 3-2-12、表 3-2-13）。

表 3-2-12　工艺过程卡

××学校××技能教学实践基地	机械加工工艺过程卡片	产品型号		零件图号	006-02		
		产品名称	飞轮发动机	零件名称	盖板	共 12 页	第 2 页

材料牌号	Q235	毛坯种类	锻件	毛坯外形尺寸	30 mm×22 mm×5 mm	每毛坯件数	1	每台件数	1	备注	

工序号	工序名称	工序内容	车间	工段	设备	工艺装备	工时	
							准终	单件
0	毛坯	下料 30 mm×22 mm×5 mm			普通锯床	直钢尺		
1	铣工	粗、精加工六面至 28 mm×20 mm×3 mm			普铣	机用平口钳、游标卡尺、端铣刀		
2	划线	划出 4 个 R3 的孔，并进行冲眼			钳工台	高度游标卡尺、直钢尺、锤子、冲眼钻（瞄针）		
3	钻孔	点中心孔，用 ϕ4 mm 钻头钻 4 孔			普钻	中心钻、ϕ4 mm 麻花钻		
4	钳工	去除毛刺			钳工台	机用平口钳、外径千分尺、游标卡尺、锉刀		
5	检验	按图示要求检查			检验桌	外径千分尺、游标卡尺		

										设计（日期）	审核（日期）	标准化（日期）	会签（日期）	
标记	处数	更改文件号	签字	日期	标记	处数	更改文件号	签字	日期					

表 3-2-13　工艺过程卡

××学校××技能教学实践基地	机械加工工艺过程卡片	产品型号		零件图号	006-05		
		产品名称	飞轮发动机	零件名称	连杆	共 12 页	第 5 页

材料牌号	Q235	毛坯种类	锻件	毛坯外形尺寸	45 mm×10 mm×10 mm	每毛坯件数	1	每台件数	1	备注	

工序号	工序名称	工序内容	车间	工段	设备	工艺装备	工时	
							准终	单件
0	毛坯	下料 45 mm×10 mm×10 mm			普通锯床	直钢尺		
1	铣工	粗、精加工六面至 42 mm×3 mm×8 mm			普铣	机用平口钳、游标卡尺、立铣刀		
2	铣工	铣削两个半弧槽			普铣	机用平口钳、立铣刀		
3	划线	划出 R4 与 R3 的孔，并进行冲眼			钳工台	直钢尺、锤子、冲眼钻（瞄针）		
4	钻孔	点中心孔，用 $\phi 2$ mm 与 $\phi 1.5$ mm 麻花钻钻头分别打两孔			普钻	中心钻，$\phi 2$ mm、$\phi 1.5$ mm 麻花钻		
5	钳工	锉削圆弧，去除多余毛刺			钳工台	机用平口钳、外径千分尺、游标卡尺、锉刀		
6	检验	按图示要求检查			检验桌	外径千分尺、游标卡尺		

										设计（日期）	审核（日期）	标准化（日期）	会签（日期）		
标记	处数	更改文件号	签字	日期	标记	处数	更改文件号	签字	日期						

（三）操作注意事项

1. 加工连杆圆弧面要防止连杆双头圆弧面与活塞帽孔形成干涉。

2. 连杆 2 孔中心距要保证到位，确保活塞在机体内的工作行程符合一次充放气要求。

3. 箱体盖平面度达到要求，与机体配合满足密封要求。

4. 箱体盖 4 孔位置精度满足要求，并与机体配合加工保证定位尺寸。

5. 标准件销在断面 2 mm 处加工环槽，用于固定卡簧。

（四）操作实施

根据各小组制订的工艺规程进行操作加工。

要求：小组分工明确，全员参与，操作规范、安全。

（五）检查分享

1. 质量检测。

完成零件加工后，对照质量检测表（表 3-2-14）与实操的技术要点，在“学生自测”栏内填写“工件质量”栏中“检测项目”的自测结果，本组质检员进行抽测，其余项目由教师负责检测和评分。

表 3-2-14　箱体盖板、连杆质量检测表

<table>
<tr><th>分类</th><th>序号</th><th>检测项目</th><th>检测内容</th><th>配分</th><th>学生自测</th><th>质检员检测</th><th>教师检测</th><th>得分</th></tr>
<tr><td rowspan="7">工作质量</td><td>1</td><td>外形</td><td>42 mm、4 mm、6 mm、8 mm（−0.3）</td><td>15</td><td></td><td></td><td></td><td></td></tr>
<tr><td>2</td><td>孔</td><td>ϕ3 mm H7</td><td>5</td><td></td><td></td><td></td><td></td></tr>
<tr><td>3</td><td></td><td>ϕ3 mm F8</td><td>5</td><td></td><td></td><td></td><td></td></tr>
<tr><td>4</td><td>圆弧</td><td>R4、R3</td><td>10</td><td></td><td></td><td></td><td></td></tr>
<tr><td>5</td><td>外形</td><td>28 mm、20 mm（±0.1）</td><td>10</td><td></td><td></td><td></td><td></td></tr>
<tr><td>6</td><td>定位</td><td>21 mm、14 mm</td><td>5</td><td></td><td></td><td></td><td></td></tr>
<tr><td>7</td><td>孔</td><td>ϕ4 mm F8</td><td>10</td><td></td><td></td><td></td><td></td></tr>
<tr><th>分类</th><th>序号</th><th colspan="2">考核内容</th><th>配分</th><th colspan="3">说明</th><th>得分</th></tr>
<tr><td rowspan="2">加工工艺</td><td>1</td><td colspan="2">加工工艺方案的填写</td><td>5</td><td colspan="3">加工工艺是否合理、高效</td><td></td></tr>
<tr><td>2</td><td colspan="2">刀具与切削用量选择合理</td><td>5</td><td colspan="3">刀具与切削用量 1 个不合理处扣 1 分</td><td></td></tr>
<tr><td rowspan="3">现场操作规范</td><td>1</td><td colspan="2">安全操作</td><td>10</td><td colspan="3">违反 1 条操作规程扣 5 分</td><td></td></tr>
<tr><td>2</td><td colspan="2">工量具的正确使用及摆放</td><td>10</td><td colspan="3">工量具使用不规范或错误 1 处扣 2 分</td><td></td></tr>
<tr><td>3</td><td colspan="2">设备的正确操作和维护保养</td><td>10</td><td colspan="3">违反 1 条维护保养规程扣 2 分</td><td></td></tr>
<tr><td colspan="2">评分人</td><td colspan="2"></td><td>时间</td><td colspan="2"></td><td>总得分</td><td></td></tr>
</table>

2. 成果分享。

由各小组对其工艺规程、加工零件、装配调试进行分享及问题解答。针对问题，教师及时进行现场指导与分析。

小组工作：按以上分享及解决的问题和新的收获做好记录，突出要点，以便提升总结能力。

任务五　飞轮与凸轮的加工

（一）课前准备

1. 按照工作计划完成线上学习任务。

（1）从网络课程接受任务，通过查询互联网、查阅图书馆资料等途径收集、分析有关信息，然后分组进行项目零件图的工艺分析。

（2）在网络讨论组内进行成果分享、交流与讨论，如图 3-2-8、图 3-2-9 所示。

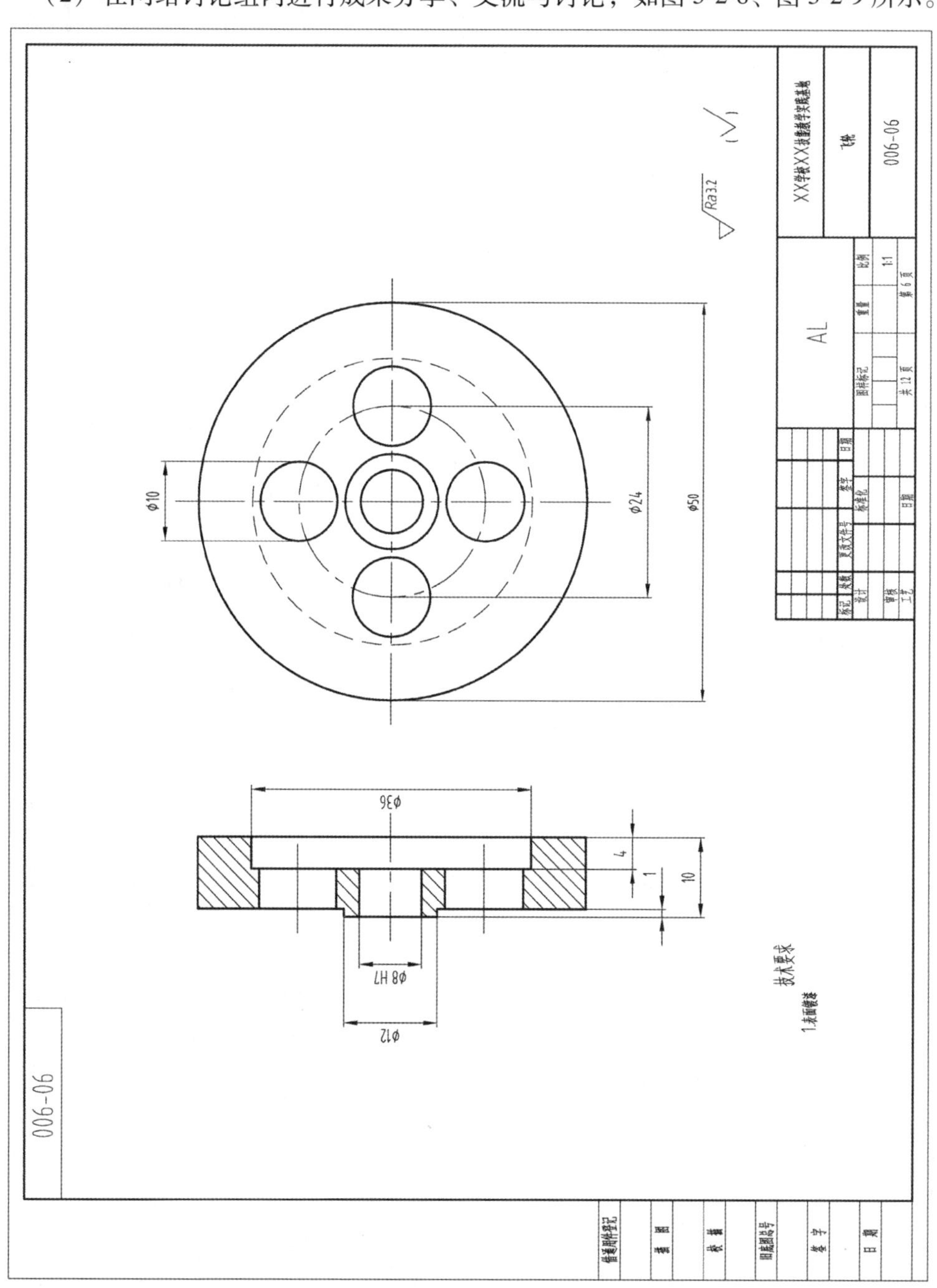

图 3-2-8　飞轮零件图

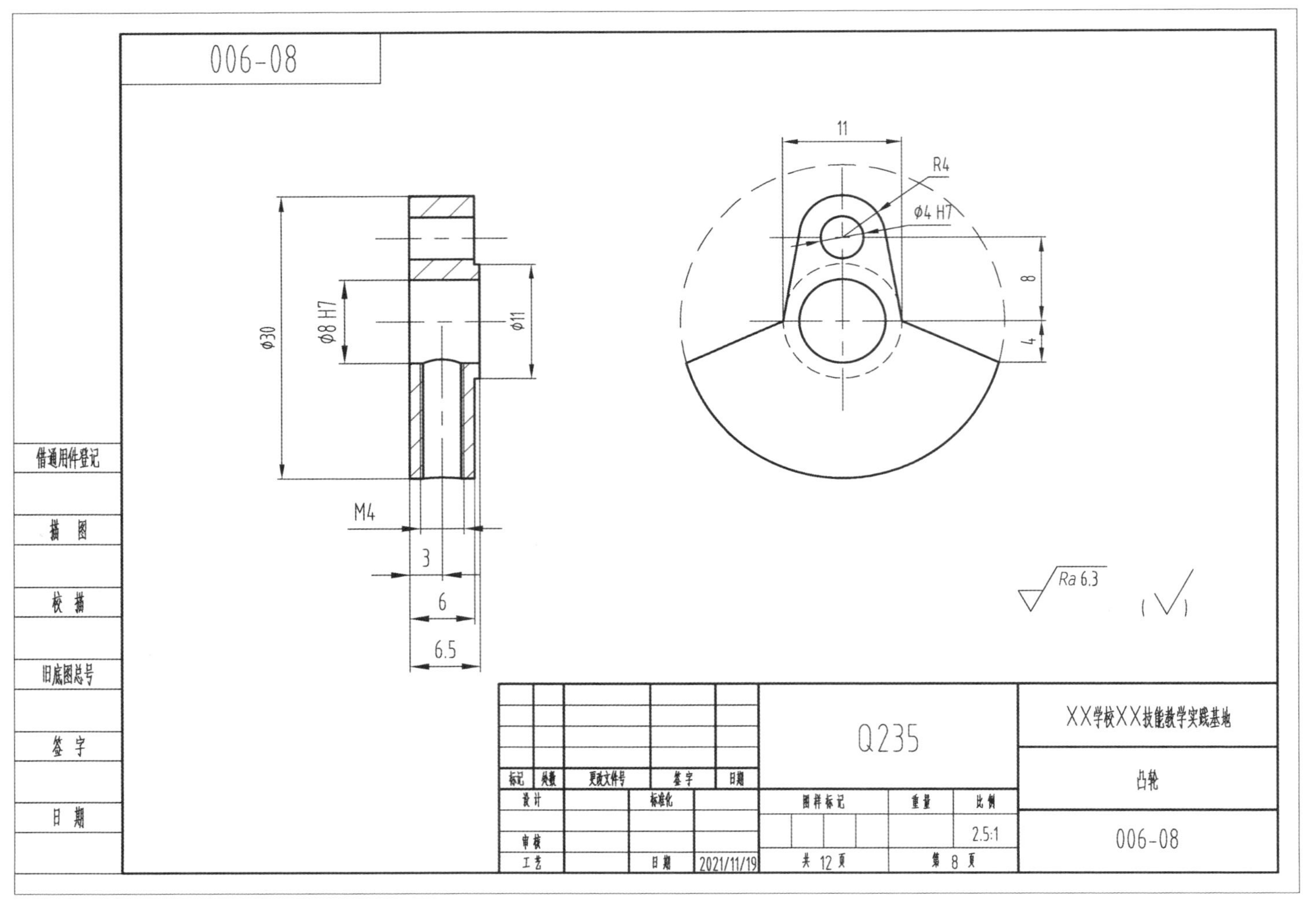

006-08
11
R4
φ4 H7
8
4
φ30
φ8 H7
φ11
M4
3
6
6.5
Ra 6.3
借通用件登记
描图
校描
旧底图总号
签字
日期
Q235
XX学校XX技能教学实践基地
凸轮
标记
处数
更改文件号
签字
日期
设计
标准化
图样标记
重量
比例
审核
2.5:1
006-08
工艺
日期
2021/11/19
共 12 页
第 8 页

图 3-2-9　凸轮零件图

2. 做好工作准备。

（1）量具：电子数显游标卡尺1把，25~50 mm、50~75 mm千分尺，R规等。

（2）材料：AL，尺寸为 ϕ55 mm×18 mm；Q235，尺寸为 ϕ35 mm×80 mm。

（3）工具：内六角扳手（套）、钢直尺、錾子、榔头等。

（4）刀具：外圆车刀，ϕ10 立铣刀，镗孔刀，ϕ3.2 mm、ϕ3.3 mm、ϕ6.3 mm、ϕ8 mm、ϕ11 mm 麻花钻，45°ϕ9 mm 锪钻，锉刀，M4 丝锥，ϕ4 mmH7/ϕ8 mmH7 铰刀等。

3. 任务引导。

（1）根据现有设备和精度要求制订各零件图的加工工艺方案。

（2）根据装配图分析各零件之间配合的特点。

（二）计划分工

1. 小组分工。

每4~5人为一小组，按角色分工配合完成任务。具体分工见表3-2-15。

表3-2-15　小组分工

小组信息	班级名称			日期	
	小组名称			组长姓名	
	岗位分工	汇报员	记录员	技术员	质检员
	成员姓名				

说明：组长负责组织协调工作，汇报员负责分享信息并进行项目讲解，质检员负责计时和录像，记录员负责记录工作过程和填写表格，技术员负责项目的操作实施。

2. 制订工作计划。

小组成员共同讨论工作计划，制订最优的加工工艺方案，编制工艺过程卡（表3-2-16、表3-2-17）。

表 3-2-16　工艺过程卡

<table>
<tr><td rowspan="2">××学校××技能
教学实践基地</td><td rowspan="2" colspan="3">机械加工工艺过程卡片</td><td>产品型号</td><td></td><td>零件图号</td><td>006-06</td><td colspan="2"></td></tr>
<tr><td>产品名称</td><td>飞轮发动机</td><td>零件名称</td><td>飞轮</td><td>共 12 页</td><td>第 6 页</td></tr>
<tr><td>材料牌号</td><td>AL</td><td>毛坯种类</td><td>锻件</td><td>毛坯外形尺寸</td><td>ϕ55 mm×18</td><td>每毛坯件数</td><td>1</td><td>每台件数</td><td>1</td><td>备注</td><td></td></tr>
</table>

<table>
<tr><td rowspan="2">工序号</td><td rowspan="2">工序名称</td><td rowspan="2">工序内容</td><td rowspan="2">车间</td><td rowspan="2">工段</td><td rowspan="2">设备</td><td rowspan="2">工艺装备</td><td colspan="2">工时</td></tr>
<tr><td>准终</td><td>单件</td></tr>
<tr><td>0</td><td>毛坯</td><td>下料 ϕ55 mm×18 mm</td><td></td><td></td><td>普通锯床</td><td>直钢尺</td><td></td><td></td></tr>
<tr><td>1</td><td>车工</td><td>粗、精加工右端面并倒角</td><td></td><td></td><td>普车</td><td>45°弯头车刀</td><td></td><td></td></tr>
<tr><td>2</td><td>车工</td><td>粗、精加工 ϕ55 mm 外圆，保证长度在 11 mm</td><td></td><td></td><td>普车</td><td>45°弯头车刀、外径千分尺</td><td></td><td></td></tr>
<tr><td>3</td><td>钻孔</td><td>点中心孔，用 ϕ8 mm 钻头钻孔，保证孔深 12 mm</td><td></td><td></td><td>普车</td><td>中心钻、ϕ8 mm 麻花钻</td><td></td><td></td></tr>
<tr><td>4</td><td>车工</td><td>粗、精镗孔加工 ϕ36 mm 内圆，长度是 4 mm</td><td></td><td></td><td>普车</td><td>镗孔刀、游标卡尺</td><td></td><td></td></tr>
<tr><td>5</td><td>车工</td><td>切断，保证总长在 10 mm，车削左端面，保证长 1 mm、ϕ12 mm 的外圆</td><td></td><td></td><td>普车</td><td>切槽刀、游标卡尺</td><td></td><td></td></tr>
<tr><td>6</td><td>打孔</td><td>用专用夹具打孔，并用锪钻锪孔</td><td></td><td></td><td>普钻</td><td>机用平口钳、专用夹具、游标卡尺、45°锪钻</td><td></td><td></td></tr>
<tr><td>7</td><td>去毛刺</td><td>去除全部毛刺</td><td></td><td></td><td>钳工台</td><td>锉刀</td><td></td><td></td></tr>
<tr><td>8</td><td>检验</td><td>按图示要求检查</td><td></td><td></td><td>检验桌</td><td>外径千分尺、游标卡尺</td><td></td><td></td></tr>
<tr><td></td><td></td><td></td><td></td><td></td><td></td><td></td><td></td><td></td></tr>
</table>

<table>
<tr><td></td><td></td><td></td><td></td><td></td><td></td><td></td><td></td><td></td><td></td><td>设计（日期）</td><td>审核（日期）</td><td>标准化（日期）</td><td>会签（日期）</td><td></td></tr>
<tr><td>标记</td><td>处数</td><td>更改文件号</td><td>签字</td><td>日期</td><td>标记</td><td>处数</td><td>更改文件号</td><td>签字</td><td>日期</td><td></td><td></td><td></td><td></td><td></td></tr>
</table>

表 3-2-17　工艺过程卡

<table>
<tr><td colspan="2" rowspan="2">××学校××技能
教学实践基地</td><td rowspan="2">机械加工工艺过程卡片</td><td colspan="2">产品型号</td><td></td><td>零件图号</td><td colspan="2">006-08</td></tr>
<tr><td colspan="2">产品名称</td><td>飞轮发动机</td><td>零件名称</td><td>凸轮</td><td>共 12 页</td><td>第 8 页</td></tr>
<tr><td colspan="2">材料牌号 Q235</td><td>毛坯种类 锻件　毛坯外形尺寸</td><td colspan="3">ϕ35 mm×80 mm</td><td>每毛坯件数 1</td><td>每台件数 1</td><td>备注</td></tr>
<tr><td rowspan="2">工序号</td><td rowspan="2">工序名称</td><td rowspan="2">工序内容</td><td rowspan="2">车间</td><td rowspan="2">工段</td><td rowspan="2">设备</td><td rowspan="2">工艺装备</td><td colspan="2">工时</td></tr>
<tr><td>准终</td><td>单件</td></tr>
<tr><td>0</td><td>毛坯</td><td>下料 ϕ35 mm×80 mm</td><td></td><td></td><td>普通锯床</td><td>直钢尺</td><td></td><td></td></tr>
<tr><td>1</td><td>车工</td><td>粗、精加工右端面,倒角</td><td></td><td></td><td>普车</td><td>45°弯头车刀</td><td></td><td></td></tr>
<tr><td>2</td><td>车工</td><td>粗、精加工 ϕ30 mm 外圆,保证长度在 7 mm</td><td></td><td></td><td>普车</td><td>45°弯头车刀、外径千分尺</td><td></td><td></td></tr>
<tr><td>3</td><td>钻孔</td><td>点中心孔,用 ϕ11 mm 钻头钻孔,深 8 mm</td><td></td><td></td><td>普车</td><td>中心钻、ϕ11 mm 麻花钻</td><td></td><td></td></tr>
<tr><td>4</td><td>车工</td><td>切断,保证总长在 6.5 mm</td><td></td><td></td><td>普车</td><td>切槽刀、游标卡尺</td><td></td><td></td></tr>
<tr><td>5</td><td>划线</td><td>划出 R4 的孔与多余余量的分界线,孔中心冲眼</td><td></td><td></td><td>钳工台</td><td>直钢尺、锤子、瞄针</td><td></td><td></td></tr>
<tr><td>6</td><td>铣工</td><td>去除多余的余量</td><td></td><td></td><td>普铣</td><td>机用平口钳、游标卡尺、修边器</td><td></td><td></td></tr>
<tr><td>7</td><td>钻孔</td><td>划出 ϕ4 的孔中心,并进行钻孔</td><td></td><td></td><td>普钻</td><td>机用平口钳、ϕ4 mm 的麻花钻</td><td></td><td></td></tr>
<tr><td>8</td><td>钳工</td><td>锉削圆弧 R4,去除多余毛刺</td><td></td><td></td><td>钳工台</td><td>机用平口钳、外径千分尺、游标卡尺、锉刀</td><td></td><td></td></tr>
<tr><td>9</td><td>检验</td><td>按图示要求检查</td><td></td><td></td><td>检验桌</td><td>外径千分尺、游标卡尺</td><td></td><td></td></tr>
<tr><td></td><td></td><td></td><td></td><td></td><td></td><td></td><td></td><td></td></tr>
<tr><td></td><td></td><td></td><td></td><td></td><td></td><td></td><td></td><td></td></tr>
<tr><td></td><td></td><td></td><td></td><td></td><td></td><td></td><td></td><td></td></tr>
<tr><td colspan="5"></td><td>设计(日期)</td><td>审核(日期)</td><td>标准化(日期)</td><td>会签(日期)</td></tr>
<tr><td colspan="5">标记　处数　更改文件号　签字　日期　标记　处数　更改文件号　签字　日期</td><td></td><td></td><td></td><td></td></tr>
</table>

（三）操作注意事项

1. 飞轮孔与飞轮轴配合精度达到要求，否则运行过程会产生剧烈振动。
2. 采用专用夹具装夹凸轮室要限制水平位置自由度，采用开环轮廓线加工方式。
3. 凸轮加工时使用专用夹具装夹打孔。

（四）操作实施

根据各小组制订的工艺规程进行操作加工。

要求：小组分工明确，全员参与，操作规范、安全。

（五）检查分享

1. 质量检测。

完成零件加工后，对照质量检测表（表 3-2-18）与实操的技术要点，在“学生自测”栏内填写“加工精度”栏中“检测项目”的自测结果，本组质检员进行抽测，其余项目由教师负责检测和评分。

表 3-2-18　飞轮与凸轮质量检测表

<table>
<tr><th>分类</th><th>序号</th><th>检测项目</th><th>检测内容</th><th>配分</th><th>学生自测</th><th>质检员检测</th><th>教师检测</th><th>得分</th></tr>
<tr><td rowspan="11">加工精度</td><td>1</td><td>轮盘</td><td>ϕ50 mm</td><td>5</td><td></td><td></td><td></td><td></td></tr>
<tr><td>2</td><td>孔</td><td>ϕ36 mm</td><td>5</td><td></td><td></td><td></td><td></td></tr>
<tr><td>3</td><td>台阶</td><td>ϕ12 mm</td><td>5</td><td></td><td></td><td></td><td></td></tr>
<tr><td>4</td><td>铰孔</td><td>ϕ8 mm H7</td><td>10</td><td></td><td></td><td></td><td></td></tr>
<tr><td>5</td><td>定型、定位</td><td>ϕ10 mm、ϕ24 mm</td><td>5</td><td></td><td></td><td></td><td></td></tr>
<tr><td>6</td><td>长度</td><td>4 mm、1 mm、10 mm</td><td>1</td><td></td><td></td><td></td><td></td></tr>
<tr><td>7</td><td>螺纹</td><td>M4</td><td>4</td><td></td><td></td><td></td><td></td></tr>
<tr><td>8</td><td>铰孔</td><td>ϕ4 mm H7</td><td>10</td><td></td><td></td><td></td><td></td></tr>
<tr><td>9</td><td>铰孔</td><td>ϕ8 mm H7</td><td>10</td><td></td><td></td><td></td><td></td></tr>
<tr><td>10</td><td>长度</td><td>3 mm、6 mm、6. 5 mm</td><td>3</td><td></td><td></td><td></td><td></td></tr>
<tr><td>11</td><td>外形</td><td>R4、11 mm</td><td>2</td><td></td><td></td><td></td><td></td></tr>
<tr><th>分类</th><th>序号</th><th colspan="2">考核内容</th><th>配分</th><th colspan="3">说明</th><th>得分</th></tr>
<tr><td rowspan="2">加工工艺</td><td>1</td><td colspan="2">加工工艺方案的填写</td><td>5</td><td colspan="3">加工工艺是否合理、高效</td><td></td></tr>
<tr><td>2</td><td colspan="2">刀具与切削用量选择合理</td><td>5</td><td colspan="3">刀具与切削用量 1 个不合理处扣 1 分</td><td></td></tr>
<tr><td rowspan="3">现场操作规范</td><td>1</td><td colspan="2">安全操作</td><td>10</td><td colspan="3">违反 1 条操作规程扣 5 分</td><td></td></tr>
<tr><td>2</td><td colspan="2">工量具的正确使用及摆放</td><td>10</td><td colspan="3">工量具使用不规范或错误 1 处扣 2 分</td><td></td></tr>
<tr><td>3</td><td colspan="2">设备的正确操作和维护保养</td><td>10</td><td colspan="3">违反 1 条维护保养规程扣 2 分</td><td></td></tr>
<tr><td colspan="2">评分人</td><td colspan="2"></td><td>时间</td><td></td><td>总得分</td><td colspan="2"></td></tr>
</table>

2. 成果分享。

由各小组对其工艺规程、加工零件、装配调试进行分享及问题解答。针对问题，教师及时进行现场指导与分析。

小组工作：按以上分享及解决的问题和新的收获做好记录，突出要点，以便提升总结能力。

任务六　机身的加工

（一）课前准备

1. 按照工作计划完成线上学习任务。

（1）从网络课程接受任务，通过查询互联网、查阅图书馆资料等途径收集、分析有关信息，然后分组进行项目零件图的工艺分析，如图 3-2-10 所示。

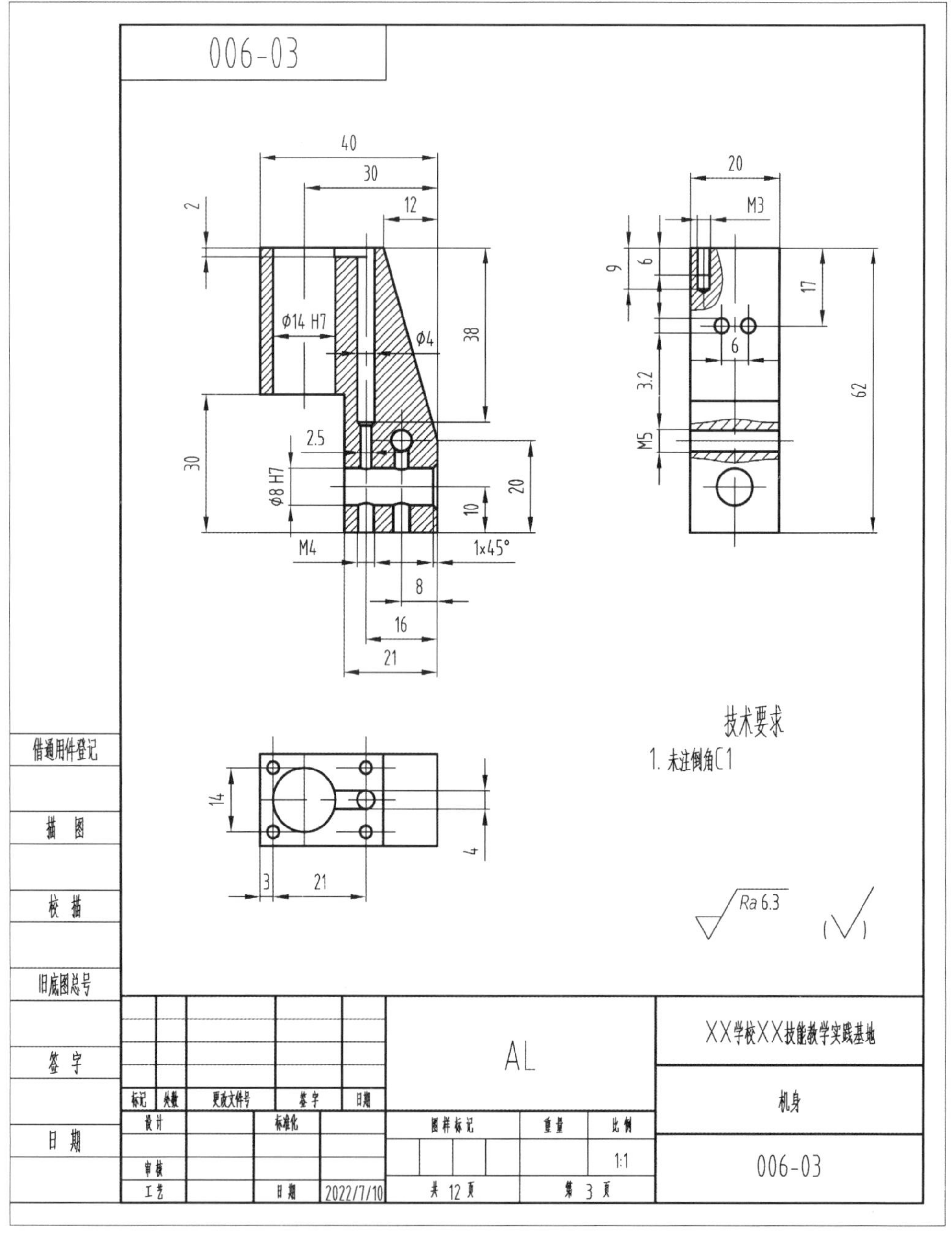

图 3-2-10　机身零件图

(2) 在网络讨论组内进行成果分享、交流与讨论。

2. 做好工作准备。

(1) 量具：电子数显游标卡尺 1 把，0~25 mm、25~50 mm 千分尺，R 规，刀口角尺等。

(2) 材料：AL，尺寸为 40 mm×20 mm×62 mm。

(3) 工具：内六角扳手（套）、钢直尺、錾子、榔头、高度游标卡尺等。

(4) 刀具：ϕ10 mm 立铣刀，ϕ3.2 mm、ϕ2.5 mm、ϕ4.5 mm、ϕ8 mm、ϕ14 mm 麻花钻，45°ϕ9 mm 锪钻，锉刀，M3/M5 丝锥，ϕ14 mm H7/ϕ8 mm H7 铰刀等。

3. 任务引导。

(1) 根据现有设备和精度要求制订各零件图的加工工艺方案。

(2) 根据装配图分析各零件之间配合的特点。

（二）计划分工

1. 小组分工。

每 4~5 人为一小组，按角色分工配合完成任务。具体分工见表 3-2-19。

表 3-2-19　小组分工

小组信息	班级名称			日期	
	小组名称			组长姓名	
	岗位分工	汇报员	记录员	技术员	质检员
	成员姓名				

说明：组长负责组织协调工作，汇报员负责分享信息并进行项目讲解，质检员负责计时和录像，记录员负责记录工作过程和填写表格，技术员负责项目的操作实施。

2. 制订工作计划。

小组成员共同讨论工作计划，制订最优的加工工艺方案，编制工艺过程卡（表 3-2-20）。

表 3-2-20　工艺过程卡

××学校××技能教学实践基地		机械加工工艺过程卡片	产品型号		零件图号	006-03		
			产品名称	飞轮发动机	零件名称	机身	共 12 页	第 3 页
材料牌号	AL	毛坯种类	毛坯外形尺寸	42 mm×22 mm×64 mm	每毛坯件数	1	每台件数 1	备注
工序号	工序名称	工序内容	车间	工段	设备	工艺装备	工时 准终	工时 单件
0	毛坯	下料 42 mm×22 mm×64 mm			普通锯床	直钢尺		
1	铣工	粗、精加工六面至 40 mm×20 mm×62 mm			普铣	机用平口钳、端铣刀、游标卡尺、修边器（毛刺刀）		
2	划线	划出距离 19 mm×20 mm×30 mm 的部分（余量）			量仪台	高度游标卡尺		
3	铣削	铣削加工划出距离 19 mm×20 mm×30 mm 的部分（余量）			普铣	机用平口钳、端铣刀、游标卡尺、修边器（毛刺刀）		
4	划线	划出距离 12 mm×20 mm×38 mm 的部分（余量）			量仪台	高度游标卡尺		
5	铣削	铣削加工划出距离 12 mm×20 mm×38 mm 的部分（余量）			普铣	机用平口钳、端铣刀、游标卡尺、修边器（毛刺刀）		
6	划线	划出 ϕ14 mm、ϕ8 mm、ϕ2.5 mm、ϕ4.5 mm 等 4 个通孔中心			量仪台	高度游标卡尺		
7	冲眼	4 孔进行冲眼			钳工台	锤子、瞄针		
8	钻孔、铰孔	钻 ϕ13.8 mm、ϕ7.8 mm、ϕ2.5 mm、ϕ4.5 mm 等 4 个通孔，再用 45°锪钻锪孔，最后铰 ϕ14 mm、ϕ8 mm 的孔			普通钻床	中心钻，ϕ14 mm、ϕ 8 mm、ϕ2. 5 mm、ϕ4.5 mm 麻花钻钻头		
9	划线	划出 M3 螺纹等 4 个盲孔的圆心			量仪台	高度游标卡尺		
10	冲眼	对于螺纹孔中心进行冲眼			钳工台	锤子、瞄针		
11	钻孔	钻 ϕ2.1 mm 的孔，再用 45°锪钻锪孔			普通钻床	中心钻、ϕ2.1 mm 的麻花钻钻头及其他钻头		
12	攻丝	对 M3、M5 孔进行攻丝			丝锥	M3、M5 的 丝锥		
13	去毛刺	去除全部毛刺			钳工台	锉刀		
14	检验	按图示要求检查			检验桌	外径千分尺、游标卡尺		
			设计（日期）	审核（日期）	标准化（日期）	会签（日期）		
标记	处数	更改文件号 签字 日期 标记 处数 更改文件号 签字 日期						

（三）操作注意事项

1. 机身中 ϕ14 mm H7 与 ϕ8 mm H7 孔要保证垂直度要求。

2. 机身中 ϕ4 mm 与 ϕ2.5 mm 孔加工时分段加工，保证两孔的同轴度。

3. 机身中 4 个螺纹孔要保证垂直。

（四）操作实施

根据各小组制订的工艺规程进行操作加工。

要求：小组分工明确，全员参与，操作规范、安全。

（五）检查分享

1. 质量检测。

完成零件加工后，对照质量检测表（表 3-2-21）与实操的技术要点，在“学生自测”栏内填写“工件质量”栏中“检测项目”的自测结果，本组质检员进行抽测，其余项目由教师负责检测和评分。

表 3-2-21 机身质量检测表

<table>
<tr><th>分类</th><th>序号</th><th>检测项目</th><th>检测内容</th><th>配分</th><th>学生自测</th><th>质检员检测</th><th>教师检测</th><th>得分</th></tr>
<tr><td rowspan="9">工件质量</td><td>1</td><td>外形</td><td>40 mm、62 mm、20 mm</td><td>10</td><td></td><td></td><td></td><td></td></tr>
<tr><td>2</td><td>螺纹</td><td>4×M3、4×M5</td><td>10</td><td></td><td></td><td></td><td></td></tr>
<tr><td>3</td><td>铰孔</td><td>ϕ14 mm H7 mm、ϕ8 mm H7 mm</td><td>10</td><td></td><td></td><td></td><td></td></tr>
<tr><td>4</td><td>孔</td><td>ϕ4 mm、ϕ38 mm</td><td>5</td><td></td><td></td><td></td><td></td></tr>
<tr><td>5</td><td>定位</td><td>20 mm、12 mm</td><td>5</td><td></td><td></td><td></td><td></td></tr>
<tr><td>6</td><td>定位</td><td>6 mm、17 mm</td><td>5</td><td></td><td></td><td></td><td></td></tr>
<tr><td>7</td><td>定位</td><td>14 mm、3 mm、21 mm</td><td>5</td><td></td><td></td><td></td><td></td></tr>
<tr><td>8</td><td>定位</td><td>8 mm、16 mm</td><td>5</td><td></td><td></td><td></td><td></td></tr>
<tr><td>9</td><td>定型</td><td>30 mm、21 mm</td><td>5</td><td></td><td></td><td></td><td></td></tr>
<tr><th>分类</th><th>序号</th><th colspan="2">考核内容</th><th>配分</th><th colspan="3">说明</th><th>得分</th></tr>
<tr><td rowspan="2">加工工艺</td><td>1</td><td colspan="2">加工工艺方案的填写</td><td>5</td><td colspan="3">加工工艺是否合理、高效</td><td></td></tr>
<tr><td>2</td><td colspan="2">刀具与切削用量选择合理</td><td>5</td><td colspan="3">刀具与切削用量 1 个不合理处扣 1 分</td><td></td></tr>
<tr><td rowspan="3">现场操作规范</td><td>1</td><td colspan="2">安全操作</td><td>10</td><td colspan="3">违反 1 条操作规程扣 5 分</td><td></td></tr>
<tr><td>2</td><td colspan="2">工量具的正确使用及摆放</td><td>10</td><td colspan="3">工量具使用不规范或错误 1 处扣 2 分</td><td></td></tr>
<tr><td>3</td><td colspan="2">设备的正确操作和维护保养</td><td>10</td><td colspan="3">违反 1 条维护保养规程扣 2 分</td><td></td></tr>
<tr><td>评分人</td><td colspan="2"></td><td>时间</td><td colspan="2"></td><td>总得分</td><td colspan="2"></td></tr>
</table>

2. 成果分享。

由各小组对其工艺规程、加工零件、装配调试进行分享及问题解答。针对问题，教师及时进行现场指导与分析。

小组工作：按以上分享及解决的问题和新的收获做好记录，突出要点，以便提升总结能力。

任务七　飞轮发动机的装配与调试

（一）课前准备

1. 按照工作计划完成线上学习任务。

（1）从网络课程接受任务，通过查询互联网、查阅图书馆资料等途径收集、分析有关信息，然后分组进行项目零件图的工艺分析，如图 3-2-11、图 3-2-12、图 3-2-13 所示。

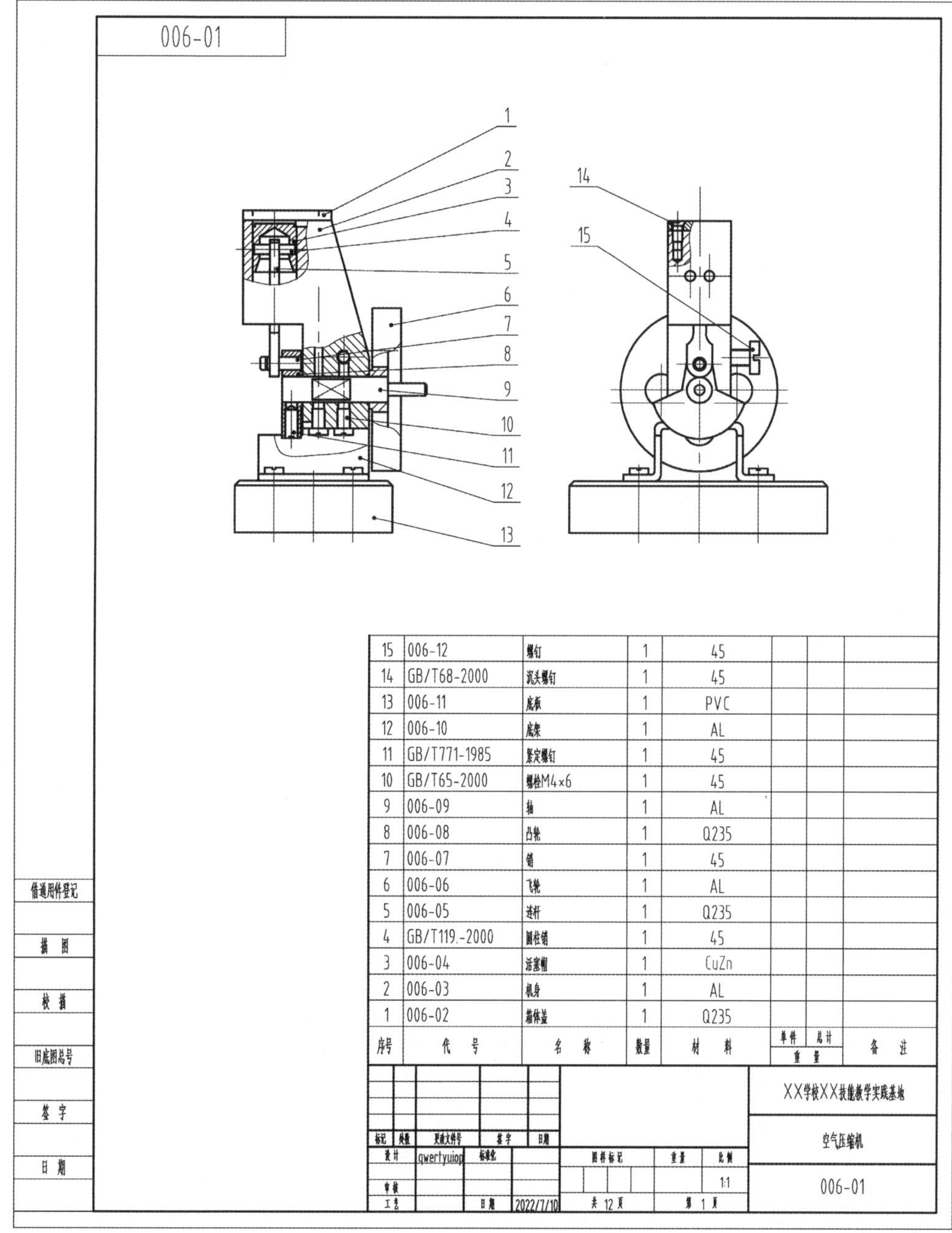

序号	代号	名称	数量	材料	重量 单件	重量 总计	备注
15	006-12	螺钉	1	45			
14	GB/T68-2000	沉头螺钉	1	45			
13	006-11	底板	1	PVC			
12	006-10	底架	1	AL			
11	GB/T771-1985	紧定螺钉	1	45			
10	GB/T65-2000	螺栓M4×6	1	45			
9	006-09	轴	1	AL			
8	006-08	凸轮	1	Q235			
7	006-07	销	1	45			
6	006-06	飞轮	1	AL			
5	006-05	连杆	1	Q235			
4	GB/T119.-2000	圆柱销	1	45			
3	006-04	活塞帽	1	CuZn			
2	006-03	机身	1	AL			
1	006-02	箱体盖	1	Q235			

图 3-2-11　飞轮发动机装配图

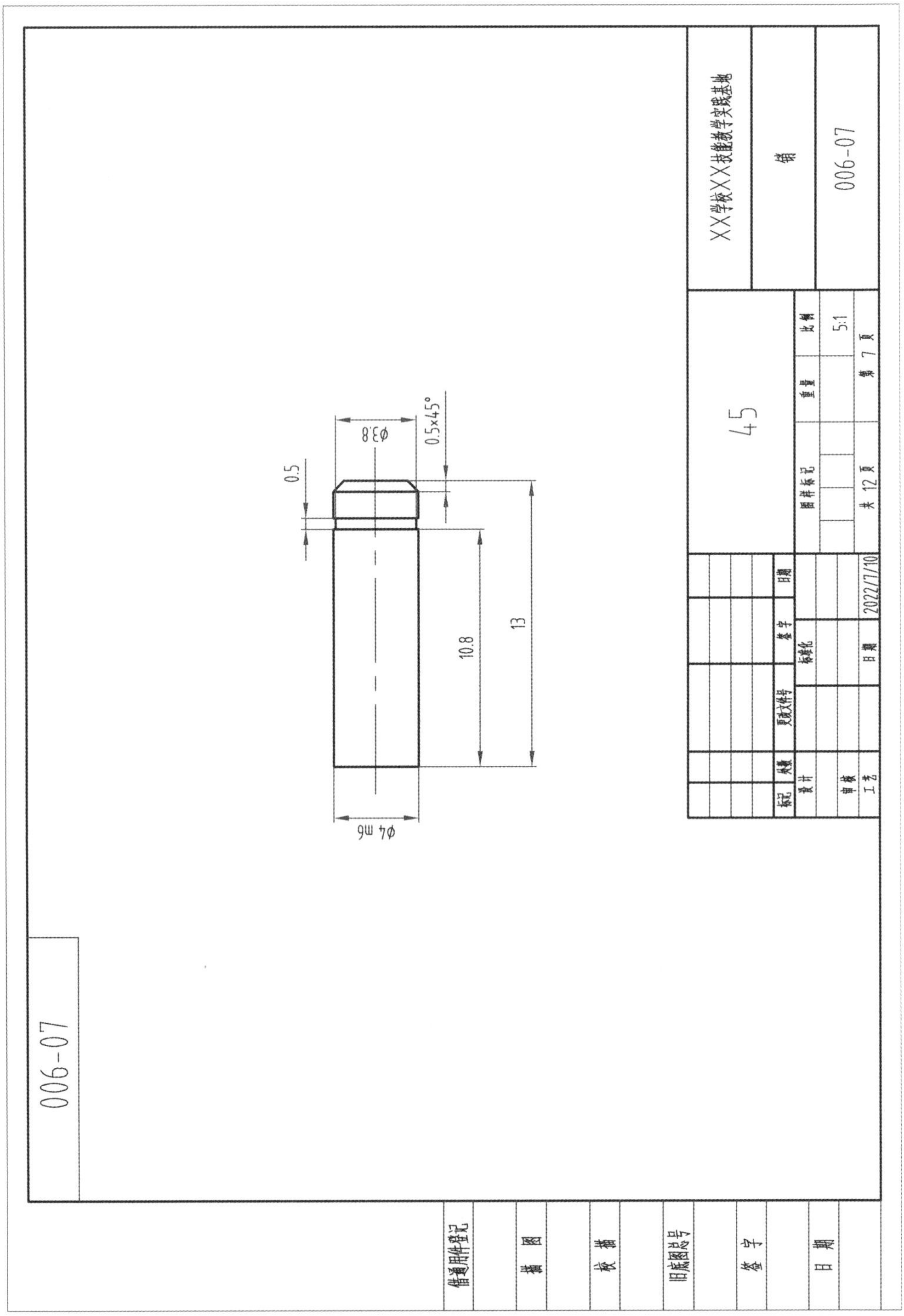

006-07

0.5

φ4 m6

φ3.8

0.5×45°

10.8

13

借通用件登记

描图

校描

旧底图总号

签字

日期

标记	处数	更改文件号	签字	日期
设计		标准化		
审核				
工艺		日期	2022/7/10	

45

图样标记	重量	比例
		5:1
共 12 页	第 7 页	

XX学校XX技能教学实践基地

销

006-07

图 3-2-12　销标准件

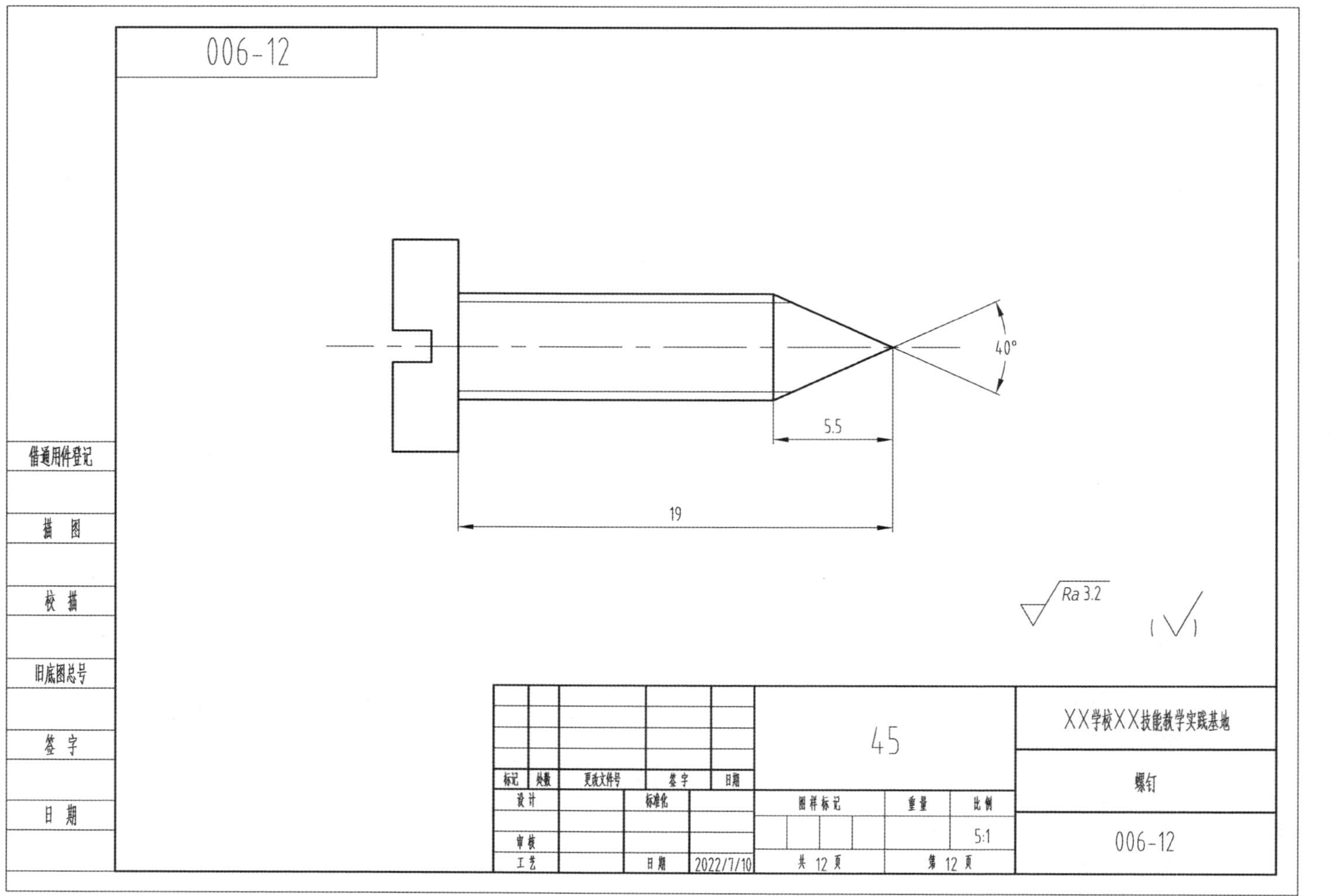

006-12
40°
5.5
19
Ra 3.2
借通用件登记
描图
校描
旧底图总号
签字
日期
45
XX学校XX技能教学实践基地
螺钉
006-12
标记
处数
更改文件号
签字
日期
设计
标准化
审核
工艺
日期
2022/7/10
图样标记
重量
比例
5:1
共 12 页
第 12 页

图 3-2-13 螺钉标准件

（2）在网络讨论组内进行成果分享、交流与讨论。

2. 做好工作准备。

（1）量具：电子数显游标卡尺 1 把，0~25 mm、25~50 mm 千分尺，R 规，刀口角尺等。

（2）工具：内六角扳手（套）、钢直尺、錾子、榔头、标准件等。

（3）根据销、螺钉图纸，完成对标准件的再加工，以满足装配需要。

3. 任务引导。

根据装配图要求制订装配工艺方案。

（二）计划分工

1. 小组分工。

每 4~5 人为一小组，按角色分工配合完成任务。具体分工见表 3-2-22。

表 3-2-22 小组分工

小组信息	班级名称			日期	
	小组名称			组长姓名	
	岗位分工	汇报员	记录员	技术员	质检员
	成员姓名				

说明：组长负责组织协调工作，汇报员负责分享信息并进行项目讲解，质检员负责计时和录像，记录员负责记录工作过程和填写表格，技术员负责项目的操作实施。

2. 制订工作计划。

小组成员共同讨论工作计划，制订最优的加工工艺方案。

（三）操作注意事项

1. 连杆 2 孔中心距要保证到位，确保活塞在机体内的工作行程符合一次充放气要求。

2. 箱体盖平面度达到要求，与机体配合满足密封要求。

3. 箱体盖 4 孔位置精度满足要求，并与机体配合加工保证定位尺寸。

4. 标准件销在断面 2 mm 处加工环槽，用于固定卡簧。

5. 飞轮孔与飞轮轴配合精度达到要求，否则运行过程会产生剧烈振动。

6. 机身中 4 个螺纹孔要保证垂直。

（四）操作实施

1. 装配与调试。

根据各小组制订的工艺规程进行操作，实施装配与调试。

要求：小组分工明确，全员参与，操作规范、安全。

2. 成本核算。

金额=质量×单价

质量公式：$m=\rho \cdot V$

单价：根据有色金属市场现价计算。

（五）检查分享

1. 质量检测。

完成零件加工后，对照质量检测表（表 3-2-23）与实操的技术要点，在“学生自测”栏内填写“工件质量”栏中“检测项目”的自测结果，本组质检员进行抽测，其余项目由教师负责检测和评分。

表 3-2-23　飞轮发动机质量检测表

分类	序号	检测项目	检测内容	配分	学生自测	质检员检测	教师检测	得分
工件质量	1	底座与座架的配合	标准件配合	5				
	2	机身与座架的配合	标准件配合	5				
	3	飞轮轴与机身的配合	间隙配合	5				
	4	飞轮轴与飞轮的配合	过盈配合	10				
	5	盖板与机身的配合	标准件配合	5				
	6	凸轮与飞轮轴的配合	过度配合	10				
	8	连杆与活塞套的配合	间隙配合	10				
	9	连杆与凸轮的配合	间隙配合	5				
	10	活塞与机身的配合	间隙配合	5				
分类	序号	考核内容		配分	说明			得分
加工工艺	1	加工工艺方案的填写		5	加工工艺是否合理、高效			
	2	刀具与切削用量选择合理		5	刀具与切削用量 1 个不合理处扣 1 分			
现场操作规范	1	安全操作		10	违反 1 条操作规程扣 5 分			
	2	工量具的正确使用及摆放		10	工量具使用不规范或错误 1 处扣 2 分			
	3	设备的正确操作和维护保养		10	违反 1 条维护保养规程扣 2 分			
评分标准：尺寸和形状、位置精度按照 IT14，精度超差时扣该项目全部分，粗糙度降级，该项目不得分								
评分人			时间			总得分		

2. 成果分享。

由各小组对其工艺规程、加工零件、装配调试进行分享及问题解答。针对问题，教师及时进行现场指导与分析。

小组工作：按以上分享及解决的问题和新的收获做好记录，突出要点，以便提升总结能力。

任务八 项目评价与拓展

项目任务工作评价见表 3-2-24。

表 3-2-24 项目任务工作评价表

小组名		姓名		评价日期		
项目名称				评价时间		
否决项	违反设备操作规程与安全环保规范，造成设备损坏或人身事故，该项目0分					
评价要素	配分	等级与评分细则 （等级系数：A=1，B=0.8，C=0.6，D=0.2，E=0）		自我评价	小组评价	教师评价
1 课前准备	20	A. 能正确查询资料，制订的工艺计划准确完美 B. 能正确查询信息，工艺计划有少量修改 C. 能查阅手册，工艺计划基本可行 D. 经提示会查阅手册，工艺计划有大缺陷 E. 未完成				
2 项目工作计划	20	A. 能根据工艺计划制订合理的工作计划 B. 能参考工艺计划，工作计划有小缺陷 C. 制订的工作计划基本可行 D. 制订了计划，有重大缺陷 E. 未完成				
3 工作任务实施与检查	30	A. 严格按工艺计划与工作规程实施计划，遇到问题能正确分析并解决，检查过程正常开展 B. 能认真实施技术计划，检查过程正常 C. 能实施保养与检查，过程正常 D. 保养、检查过程不完整 E. 未参与				
4 安全环保意识	10	A. 能严格遵守安全规范，及时保理处理工作垃圾，时刻注意观察安全隐患与环保因素 B. 能遵守各规范，有安全环保意识 C. 能遵守规范，实施过程安全正常 D. 安全环保意识淡薄 E. 无安全环保意识				
5 综合素质考核	20	A. 积极参与小组工作，按时完成工作页，全勤 B. 能参与小组工作，完成工作页，出勤率90%以上 C. 能参与小组工作，出勤率80%以上 D. 能参与工作，出勤率80%以下 E. 未反映参与工作				
总分	100	得分				
根据学生实际情况，由培训师设定三个项目评分的权重，如3∶3∶4				30%	30%	40%
加权后得分						
综合总分						

学生签字：________________
（日期）

培训师签字：________________
（日期）

四、项目学习总结

谈谈自己在这个项目中收获到了哪些知识，重点写出不足及今后工作的改进计划。

五、扩展与提高

项目耗材成本的计算。

六、相关理论知识

相关理论知识参见《机械基础》《机械制造工艺与夹具》等。